Besondere Mitteilungen zum Deutschen Gewässerkundlichen Jahrbuch

Nr. 24

Herausgegeben vom Meteorologischen und Hydrologischen Dienst
der Deutschen Demokratischen Republik

Die Grundwasserverhältnisse im Geisel-Braunkohlengebiet und im unterlagernden Mittleren Buntsandstein

von

Hermann Kalähne

Akademie-Verlag · Berlin

1961

Erschienen im Akademie-Verlag GmbH, Berlin W 8, Leipziger Straße 3—4

Lizenz-Nr. 202 · 100/568/61
Kartengenehmigung: MdI der DDR Nr. 6174
Satz und Druck: (IV/5/1) Druckerei Paul Dünnhaupt, Köthen (Anhalt)
Bestellnummer: 2086/24
Preis: DM 36.—
Printed in Germany
ES 18 E 4 - 18 F 2

Inhaltsverzeichnis

Anlagenverzeichnis

(Anlagen am Schluß der Arbeit)

I. Vorbemerkungen

Braunkohlentagebaubetrieb ist stets mit Grundwasserabsenkung verbunden. Diese macht sich besonders in niederschlagsarmen Gebieten bemerkbar wie auch im Geiseltal.

Vorliegende Arbeit – ausgeführt 1950/51 im Geologischen Institut Halle -- soll einen Beitrag zur Klärung der Frage der Spiegelabsenkung und darüber hinaus der Grundwasserverhältnisse im Geiseltal bringen und Hinweise zur Behebung des Wassermangels geben.

Zu Dank bin ich Herrn Prof. Dr. H. Gallwitz verpflichtet, der mir auf Grund einer Großraumplanung des Institutes für Bauwesen der Deutschen Akademie der Wissenschaften in Berlin die Anregung zu dieser Arbeit gab und mich bei ihrer Durchführung unterstützte und förderte.

Ferner danke ich Herrn Dr. W. Matthes für Ratschläge und Anregungen.

Besonderen Dank schulde ich der Landesregierung Sachsen-Anhalt – Ministerium für Land- und Forstwirtschaft – Hauptabteilung Wasserwirtschaft, der Braunkohlenverwaltung Merseburg, den Grubenverwaltungen, den Direktionen anderer Werke, dem Geologischen Dienst, Zweigstelle Halle und anderen Institutionen für ihre Gewährung der Einsichtnahme in Bohrregister, Grubenkarten, Pegelaufstellungen und Meßergebnisse, Gutachten und sonstige Akten. Ferner danke ich verschiedenen Herren der genannten Dienststellen für mündliche Mitteilungen. Die Namen dieser Herren zu nennen, würde zu weit führen (es sind etwa 40 bis 50). Außerdem standen mir einige von Prof. Dr. J. Weigelt stammende Akten des Geologischen Institutes Halle zur Verfügung.

An dieser Stelle sei auf die ungeheuren Schwierigkeiten bei der Durchführung der Arbeit hingewiesen. Große Mühe bereitete die Materialbeschaffung. In der Literatur sind nur wenige Angaben über Grundwasserverhältnisse im Geiseltal vorhanden. Die hier dargelegten Zahlenwerte und sonstigen Angaben sind z. T. nur aus einzelnen Notizen der Grubenverwaltungen im Geiseltal zusammengestellt.

Einige dieser Unterlagen werden sich nicht mehr vervollstandigen lassen, da durch Kriegseinwirkungen und häufigen Wechsel der Verwaltungen viele Aufzeichnungen verlorengegangen sind. Z. B. gehörte die Grube Cecilie schließlich zur Wintershall-AG, deren Hauptverwaltung in Kassel durch Bomben zerstört ist. Andererseits gehörten die Geiseltalgruben zunächst zum Oberbergamt Halle, dann zu Naumburg, später zu Zeitz und jetzt zur Technischen-Bezirks-Bergbau-Inspektion (TBBI) Halle, der Nachfolgerin des Oberbergamtes Halle. Von derartigen Beispielen könnten noch mehrere aufgeführt werden.

Andererseits waren aber auch schon früher Angaben über Wasserführung von Bohrungen sehr spärlich. Erinnert sei an die Ausführungen von C. Gabert [13], in denen er das Fehlen der Grundwasserangaben bei den Bohrergebnissen der Geologischen Landesanstalt als empfindlichen Mangel bezeichnet und andererseits von Schwierigkeiten und Mühen bei der Beschaffung nur der „gröbsten Angaben" über den Evaschacht bei Steuden schreibt.

II. Geologie des Geiseltales

Das Geiseltal liegt im Mitteldeutschen Raum im südlichen Teil des Landes Sachsen-Anhalt (Bezirk Halle, s. auch Anlage 1). Es nimmt eine Fläche von 160 km² ein, von der ein Viertel von Braunkohle unterlagert wird.

Zum Einzugsgebiet der Geisel gehören zunächst die Geisel selbst mit ihrer Quelle bei St. Micheln westlich Mücheln im Unteren Muschelkalk, dann von Nordwesten her der Stöbnitzbach mit den größeren Zuflüssen von Dressel, Öchlitz und Schmirma, im Mittellauf von Süden bzw. Südwesten her die Leiha und der links bei Zscherben mündende 4 km lange Klyegraben.

Die Höhe des Gebietes flacht sich von 140 m NN bei Mücheln talwärts bis Merseburg auf 94 m NN ab. Weiter westlich und südwestlich im Bereich der Querfurt-Freyburger-Muschelkalkmulde treten größere Höhen bis über 200 m NN auf. Das obere Geiseltal ist ein gewelltes, durch Wasserläufe zernagtes, nach Westen und Südwesten ansteigendes Gelände. Im mittleren Teil zieht sich vom Großen Hügel nördlich Möckerling (159 m NN) bis zum Pfarrsberg (143,2 m NN) nordwestlich Blösien eine Erhebung in südwest-nordöstlicher Richtung. Der Anstieg zu diesen Höhen vollzieht sich in langsamer, gleichmäßiger Steigung, und ebenso haben die Täler flache Hänge (mit Ausnahme des oberen Geiseltales oberhalb Mücheln). An diese Erhebung schließt sich nach Nordwesten eine Hochfläche an, die sich in Richtung auf das Schwarzeichetal senkt und auch oberflächlich dorthin entwässert. Der Südosten des Gebietes ist eine fast ebene und nach Osten abfallende Fläche. Sie ist bedingt durch den interglazialen Verlauf der Unstrut, die heutige Körbisdorfer Schotterterrasse.

Geologisch schließt sich das Geiseltal im Westen und Südwesten an die Querfurt-Freyburger-Muschelkalkmulde an und gehört im übrigen zur Merseburger Buntsandsteinplatte.

Als tieferer Untergrund ist in den Bohrungen Frankleben (T 23, Anl. 1, 20, und Oberklobikau (T 10, Anl. 1, 32) Oberrotliegendes angetroffen worden. In der ersten Bohrung sind sämtliche Stein- und Kalisalze ausgelaugt, in der zweiten noch 15 m Steinsalz erhalten. Während im Bohrloch Oberwünsch (T 15, Anl. 1, 33) nur die jüngere Folge ausgelaugt, die ältere vorhanden ist, ist in den Bohrlöchern Schmirma (T 16, Anl. 1, 35) und Göhrendorf (T 3, Anl. 1, 21) (in der Mitte der Querfurter Mulde gelegen) keine Auslaugung erfolgt. Das Bohrloch Schafstädt (T 4, Anl. 1, 34) ist nur bis zum Erreichen der Salzfolge abgeteuft worden. Schließlich ist auch weiter nördlich in den Bohrungen Großgräfendorf (T 5, Anl. 1, 22) und Schotterey (T 6, Anl. 1, 36) Zechsteinsalz angetroffen worden [10]. Auf die Auslaugung der Salzschichten geht die Theorie der Braunkohlenentstehung zurück [8, 25, 65, 84, 107]. Die Verhältnisse des Untergrundes zeigt ein Profil (Anl. 2). Dieses ist z. T. hypothetisch, da nur wenige Bohrungen vorhanden sind, und außerdem das Steinsalz – wenn vorhanden – nicht durchbohrt ist.

Das Mesozoikum ist vertreten durch Buntsandstein, der im Südwesten in der Querfurter Mulde von Muschelkalk überlagert wird. Der Buntsandstein ist zumeist von Diluvium und Alluvium verhüllt und tritt nur an einzelnen Stellen zutage. Er ist aber überall im Untergrund vorhanden und gibt so der Buntsandsteinplatte ihren Namen.

Der Untere Buntsandstein beherrscht zwischen Weißenfels und Merseburg das östliche Saaleufer (Anl. 1). Nur in den Buntsandsteinsätteln bei den genannten Orten greift er auf das westliche Ufer über und bildet bei Merseburg den Rotthügel. Im Norden tritt er im Teutschenthaler Sattel zutage. Auch im Westen und Südwesten bildet er den Abschluß der Querfurter Mulde in der Ziegelrodaer Forst und im Roßlebener Sattel. Mehrfach wechseln bunte Schieferletten und Tone mit Sandsteinbänken. Im unteren Teil des Unteren Buntsandsteins ist Kalksandstein und Rogenstein ausgebildet. Die Gesamtmächtigkeit des Unteren Buntsandsteins beträgt etwa 300 m [89, 105].

Der Mittlere Buntsandstein – zumeist von Tertiär und Diluvium verhüllt – füllt in mehr oder weniger breitem Ausstrich mit dem an ihn anschließenden Oberen Buntsandstein das Gebiet zwischen Unterem Buntsandstein und Muschelkalk der Querfurter Mulde. Im Geiseltalgebiet tritt er am Pfarrsberg und am Talhang der Schwarzeiche zutage. Im Westen ist er auch in der Ziegelrodaer Forst aufgeschlossen. Aus Tiefbohrungen zur Wassererschließung ist der Mittlere Buntsandstein aus mehreren Bohrungen im Geiseltal auch in seinen tieferen Schichten bekannt. Seine einzelnen Horizonte bestehen aus Sandsteinen, sandigen Letten und Tonen. Es wird später bei der Besprechung der Grundwasserverhältnisse noch näher auf den Mittleren Buntsandstein einzugehen sein. Seine Mächtigkeit beträgt etwa 275 m [89, 120].

Der Obere Buntsandstein besteht aus dünnblättrigem, meist dunkelrotem Ton (Letten) mit eingeschalteten Schnüren von Fasergips, auch aus graugrünem Mergel mit eingelagerten festen Kalkbänken. Die Normalmächtigkeit wird mit 150 m angegeben [89]. Das Verbreitungsgebiet des Oberen Buntsandsteins ist auf der geologischen Übersichtskarte [135] angegeben. Danach verläuft die Grenze des Mittleren zum Oberen Buntsandstein westlich Frankleben in nord-südlicher Richtung. Krusch und Fliegel [53] und Lehmann [65] vertraten die Ansicht, daß in der Bohrung Frankleben Oberer Buntsandstein vorkäme. Die Bearbeitung des Tiefbohrloches Beuna I/35 (T 24, Anl. 1, 9) durch Röpke ergab 12 m Oberen Buntsandstein. Daraufhin hat Frommeyer [8] auf seiner Karte des Geiseltals das Gebiet des Tagebaues Beuna in den Röt einbezogen, während Picard [81] auf seiner Karte nur eine Rötmulde bei Beuna zeichnet. Frommeyer fährt dann in seiner Abhandlung fort. „Ob wirklich, wie Salzmann [88] vermutet, unter dem Chausseehäuschen an der Straße Merseburg-Weißenfels noch Röt angetroffen würde, muß offen bleiben.“ Hierzu kann ergänzend mitgeteilt werden, daß zwei Wasserbohrungen (T 30, 31, Anl. 1) ostwärts Großkayna nur Mittleren Buntsandstein ergeben haben, so daß an der Weißenfelser Chaussee wohl kein Röt mehr anstehen kann.

Den Kern der Querfurter Mulde bilden der Untere und nordöstlich von Querfurt sogar der Mittlere und Obere Muschelkalk. Der Untere Muschelkalk beginnt mit den Myophorienbänken, darüber lagert Unterer Wellenkalk mit der Zone der Oolithbänke, darauf folgt der Obere Wellenkalk mit der Zone der Terebratelbänke und schließlich der Schaumkalk.

Über das Tertiär – die mitteleozäne Braunkohle des Geiseltales, ihre Bildungsweise und Ausbildung – besteht zahlreiche Literatur, so daß hierüber nur einige wenige Angaben gebracht werden sollen. Das Braunkohlenvorkommen hat eine Länge von 11 km und eine Breite von 3 km. Es liegt auf dem ausstreichenden Oberen Buntsandstein. Das Liegende ist im Westen z. T. bis –20 m NN und im Osten z. T. bis – 35 m NN eingesenkt, wodurch die Kohlenmächtigkeit über 100 m anwachsen kann.

Das Liegende des Tertiärs besteht in seinen tiefsten Teilen aus festem, hellgrauem, sandigem Ton. Diesem Basalton folgen wechsellagernd Sande, Kiese und Tone. Die Mächtigkeit schwankt im Westen zwischen etwa 3 m bis 15 m und nimmt nach Osten hin bis auf etwa 70 m im Tagebau Beuna zu.

Darüber folgt das Kohlenflöz mit sandigen oder tonigen Zwischenmitteln.

Das Hangende des Tertiärs setzt sich zumeist aus Sanden und Quarzkiesen zusammen, und nur vereinzelt bilden Tone lokale Grundwasserstauer. Seine Mächtigkeit steigt bis 20 m an und ist dort geringer, wo die hangenden Sande und Kiese der Erosion anheimgefallen sind.

An diluvialen Ablagerungen sind glaziale und fluviatile Sedimente und schließlich Löß vertreten, deren Mächtigkeit auf insgesamt 20 m anwachsen kann. Die Unstrutschotter der Körbisdorfer Terrasse werden überlagert von grünlichgrauem Ton, in dem – aufgeschlossen in der zweiten Abraumstrosse des Tagebaues Leonhardt – Hunger [30] eine Fauna zahlreicher Schnecken nachweisen konnte. Außerdem stellte er in einem grünlichgelben, feinsandig-tonigen Mergel, der über dem Geschiebemergel liegt - also höher im Profil - , eine ähnliche Fauna fest, die außerdem reich an Muscheln war.

Das Alluvium des Geiseltales bildet ein humoser feinsandiger Mergel aus abgeschwemmtem humifiziertem Löß. Durch Zunahme des Humus kann er in unreinen Torf übergehen, wie z. B. bei Zscherben. Große Mächtigkeit erreicht dieser alluviale Mergel mit reichlicher Schnecken- und Muschelfauna im ursprünglichen Mündungsgebiet der Leiha in die Geisel bei Frankleben [31].

Die Tektonik der Merseburger Buntsandsteinplatte beschreiben HEISE [23] und FROMMEYER [8]. Die von HEISE aufgestellten tektonischen Linien sind weder belegt noch bewiesen. Sie sollen deshalb nicht in die Betrachtung einbezogen werden.

III. Überblick über die Entwicklung des Braunkohlenbergbaues im Geiseltal

Zum Verständnis der Ausführungen ist ein kurzer Überblick über die Entwicklung des Braunkohlenbergbaues im Geiseltal erforderlich. Der Anfang des Geiseltalbergbaues ist wohl in die zweite Hälfte des 18. Jahrhunderts zu verlegen, wie SALZMANN [88] schreibt. Er zitiert bereits schon aus dem Werk von ZINCKEN [123], wonach in dieser Gegend schon damals neun Gruben bestanden haben. SALZMANN schreibt weiter von einer vom Ministerium des Innern zehn Jahre später, also im Jahre 1877, herausgegebenen statistischen Darstellung des Kreises Querfurt. Danach waren im Kreise Querfurt 1875 elf Braunkohlengruben in Betrieb, die meisten davon in der Gegend von Roßbach und Mücheln und nur eine vereinzelt bei Querfurt. Von all diesen Gruben haben nur zwei bis in die jüngere Zeit ihren Betrieb aufrechterhalten können, die übrigen mußten wegen Wasserhaltungsschwierigkeiten wieder aufgegeben werden, wie mehrfach in der Literatur betont wird (s. a. [76]).

In kurzen Zügen sei die Entwicklung der einzelnen Gruben (Anl. **3**, 4) von Westen nach Osten fortschreitend geschildert.

Die älteste Grube „Pauline" (früher „N Nr. 21") bei Stöbnitz wurde am 8. 11. 1845 vom damaligen Landrat von Helldorf gegründet. Auf ihr war später SALZMANN als Steiger tätig. Erwähnt werden im Braunkohlenjahrbuch von dieser Grube bis 1905 ein Wasserhaltungsschacht und später zwei. Die Förderung war anfänglich 180 t/Tag und wurde bis 1914 auf 225 t/Tag gesteigert. Ab 1917 wurde der Tagebau an die Badische Anilin- und Sodafabrik verpachtet und die jährliche maximale Förderung auf 455456 t gesteigert. Schließlich wurde Tagebau Pauline mit drei weiteren Tagebauen zur Deutschen Grube verwaltungsmäßig zusammengefaßt, jedoch schon 1937 stillgelegt.

Die kleine Grube „N Nr. 29", die schon 1867 genannt wurde, und die Grube Zörbigker in Zörbigker bei Mücheln gehörten dem Rittergutsbesitzer in Zörbigker. Sie wurden jedoch schon 1911 aufgelassen. Die Förderung hatte 4 t/Tag betragen.

Die Grube Elisabeth der Anhaltischen-Kohlen-Werke (AKW) wurde ab April 1906 unter „größten Wasserhaltungsschwierigkeiten" aufgeschlossen und kam 1908 in Förderung, die um 1,5 Mill. t/Jahr lag. Seit 1924 bestand Verwaltungsgemeinschaft mit der Werschen-Weißenfelser-Braunkohlen AG.

Die Grube Elise II der Gewerkschaft Elise II wurde 1913 aufgeschlossen, förderte ab 1917 etwa 2 bis 3 Mill. t jährlich und gehörte später zur Deutschen Grube. Die beiden letztgenannten Gruben sind jetzt zum Tagebau Mücheln mit den beiden Werken I und II zusammengefaßt.

Im mittleren Geiseltal setzte sich, wie PIETZSCH [82] schreibt, um 1880 das erste größere Unternehmen, die „Dörstewitz-Rattmannsdorfer-Braunkohlen-Industrie-Gesellschaft" fest. Sie erwarb Braunkohlenfelder und die alte Grube „Nr. 377" bei Lützkendorf und eröffnete unter „großen Schwierigkeiten" 1880 – wie es bei ALTGELT [1] heißt – einen Tagebau, die Grube „Emma". Im Jahre 1897 wurde hier die erste Brikettfabrik des Geiseltales in Betrieb genommen. Bis 1908 blieb sie ohne Konkurrenz. Die Förderung betrug um 200000 t/Jahr. Später zur Deutschen Grube gehörig, wurde der Tagebau 1937 stillgelegt.

Die Gewerkschaft Christoph Friedrich nahm 1907 ihren Tagebau „Cecilie" in Angriff und förderte schon ab 1908, da man neben dem schon bestehenden Tagebau Emma beginnen konnte. Da sämtliche Aktien von Anfang an in den Händen der Werschen-Weißenfelser-Braunkohlen AG waren, wurde der Betrieb mehrfach an letztere verpachtet und ging schließlich 1932, als die Auflösung der Gewerkschaft Christoph-Friedrich beschlossen wurde, in sie über. Die Förderung schwankte etwa zwischen 600000 und 800000 t/Jahr. Später übernahm die Wintershall-AG in Kassel den Tagebau, der ja auch das Mineralölwerk Lützkendorf gehörte. Der Tagebau wurde 1935 stillgelegt.

1910/11 wurde der Tagebau Leonhardt der Gewerkschaft Leonhardt (später zum Michelkonzern gehörig) aufgeschlossen und kam 1911 in Förderung, die um 1 Mill. t/Jahr lag.

Als zweite Tiefbaugrube wurde 1859/60 die Grube „Nr. 353" bei Körbisdorf, der dortigen Zuckerfabrik gehörig, angelegt, später „Otto", heute „Neumark-Süd" heißend. 1862 wurde dort die Wasserhaltung aufgenommen. 1885 machte man den Versuch, zum Tagebau überzugehen. Aber, wie ALTGELT [1] schreibt, schon 1889 brachten hervortretende Wasserdruckschwierigkeiten diese Grube wieder zum Ersaufen. Erst 1903 gelang der Übergang zum Tagebau. Bis 1914 wurden täglich 120 t gefördert. 1926 wurde ein weiterer Tagebau – „Tannenberg" (heute Neumark-Ost) – eröffnet, so daß die Förderung von Otto-Tannenberg bis 1935 auf 1564713 t/Jahr gesteigert wurde. Otto-Tannenberg gehörte später zur Deutschen Grube.

Heute werden diese Gruben des mittleren Geiseltales zum Werk Neumark zusammengefaßt, wovon Ost und Süd bereits genannt sind. Die Grube Neumark-West umfaßt die alten Tagebaue Leonhardt, Cecilie und Emma und das neue Tagebaufeld, das Nordfeld. Alle diese Tagebaue sind durch die Wirbeltiergrabungen des Geologischen Institutes Halle in der Literatur schon mehrfach genannt worden.

Die Consolidierte-Hallische-Pfännerschaft nahm im Jahre 1911/12 die Aufschlußarbeiten für den Tagebau Pfännerhall auf und förderte ab 1913 etwa 1 bis 1,5 Mill. t/Jahr. Ab 1926 wurde sie als Abteilung in die Mansfeld AG übernommen. Heute ist die Grube als Kombinat Pfännerhall SAG-Betrieb.

Im östlichen Geiseltal begann man 1907 den Tagebau Beuna aufzuschließen in der Nähe alter in den Jahren zwischen 1870 und 1880 ersoffener Kohlenschachte, die bei ZINCKEN [123] erwähnt wurden. Besitzer war anfänglich die Deutsch-Österreichische Bergwerks AG Dresden, später Vereinigte Kohlen AG Dresden, deren Pächter die Deutsche Erdöl AG in Borna war. Die Aufschlußarbeiten gestalteten sich auch recht schwierig und zogen sich bis 1909 hin. Die Förderung betrug 700000 bis 900000 t/Jahr. In diesem Jahr (1951) wird jedoch der Kohlenvorrat dieser Grube zu Ende gehen.

In dem gleichen Jahr (1907) wurde von der Gewerkschaft des Eisensteinbergwerks „Michel" Köln/Rhein der Tagebau Rheinland aufgeschlossen und kam 1909 in Förderung.

1912 nahm die Gewerkschaft Vesta den Tagebau Vesta in Angriff, der sich unmittelbar an den Tagebau der Gewerkschaft Michel anschloß. Später wurden beide zu Michel-Vesta vereinigt und bildeten mit Leonhardt und Gute Hoffnung bei Roßbach den Michelkonzern. Die Förderung von Michel-Vesta betrug 2,6 bis 3 Mill. t/Jahr.

Alle diese Tagebaue werden heute zusammengefaßt zum Werk Großkayna. Dazu kommt noch der Tagebau-Neuaufschluß Kayna-Süd, der allerdings schon im Deutschen Bergbau-Jahrbuch [5] 1922 als Kaynaer Kohlenwerke, Besitzer Vereinigte Kohlen AG Dresden – also zu Beuna gehörig – genannt wurde. Es wird dort geschrieben, daß die Aufschlußarbeiten ab 1. 1. 1922 vorläufig eingestellt seien. Sie wurden am Anfang der vierziger Jahre wieder aufgenommen, jedoch durch das Kriegsende hinausgezögert, so daß erst seit 1950 dort Kohle gefördert wird.

Südlich des Geiseltales geht in der Gegend von Roßbach Braunkohlenbergbau schon seit einigen Jahrhunderten um.

Im Braunkohlenjahrbuch von 1902 wird die Grube „Gottessegen und Tobias" bei Roßbach genannt. Im Privatbesitz des Ing. H. WAHL, Hamburg, wies sie eine durchschnittliche Förderung von 90 t/Tag auf. 1912 wurde sie an die Gewerkschaft Gute Hoffnung verkauft.

1904 nahm die Ww. P. SCHÖMBURG die Grube 532 bei Roßbach mit 100 t/Tag Förderung in Betrieb, die – 1911 an die Fa. G. HASSE verkauft – wohl in Grube „Storkau" bei Roßbach umbenannt und 1914 stillgelegt wurde.

Im selben Jahre 1911 übernahm ebenfalls die Fa. G. HASSE die 1907 eröffnete Grube „Gustav" bei Roßbach – Bes. Ww. M. PETER – mit einer Förderung von 245 t/Tag. Die Förderung betrug im Jahre 1922 1200 t/Tag und im Jahre 1923/24 257546,5 t. Infolge Konkurs des alten Besitzers G. HASSE mußte die Grube 1925 stillgelegt werden.

Der noch heute bestehende Tagebau „Gute Hoffnung" wurde 1912 von der Gewerkschaft Gute Hoffnung in Köln eröffnet, gehörte später zum Michel-Konzern und förderte 1937 751622 t/Jahr. Jetzt ist der Tagebau verwaltungsmäßig an das Werk Großkayna angeschlossen.

Da das Roßbacher Braunkohlenvorkommen nicht unmittelbar mit dem Geiseltal in Verbindung steht und stets gesondert in der geologischen Literatur genannt wird, soll es hier nicht näher betrachtet werden, zumal fast keine Unterlagen über Wasserhaltung dieses Gebietes vorliegen. Seit 1946 schwankte die Wasserhebung des Tagebaues Gute Hoffnung zwischen 1,1 und 1,6 m^3/min.

Aus all diesen Angaben sind die Schwierigkeiten ersichtlich, die sich bei der Unterlagenbeschaffung über die einzelnen Gruben ergeben. Die Akten wurden oft nicht auf der Grube, sondern bei den Hauptverwaltungen gesammelt. Da diese aber des öfteren wechselten und außerdem durch verschiedene Einwirkungen in Mitleidenschaft gezogen wurden, stehen die Akten oft nicht mehr in genügendem Umfange zur Verfügung.

IV. Die Wasserhaltung im Bergbaugebiet

a) Der Begriff Wasserhaltung

Wurde bisher in großen Zügen die Geologie und die Entwicklung des Bergbaues im Geiseltal behandelt, so soll jetzt das Grundwasser betrachtet werden, wozu die Grubenwasserhaltung mit herangezogen werden muß.

Unter Wasserhaltung [44] ist die gesamte bergmännische Wasserwirtschaft zu verstehen, deren Aufgabe die Abwendung aller Gefahren ist, die dem Bergbau sowie seiner näheren oder weiteren Umgebung durch das Wasser drohen, das die Lagerstätte und die darüber oder unmittelbar darunter lagernden Schichten enthalten oder das als Oberflächenwasser hinzutreten kann. Sie umfaßt demnach nicht nur die Ableitung und Hebung der den Grubenräumen zusitzenden Wasser, sondern auch die Maßnahmen zur Verhütung plötzlicher Wasserdurchbrüche aus dem Hangenden oder Liegenden sowie zur Sicherung der Tagebauböschungen gegen Gefährdung durch Wasser, das sind Wasserabdämmung und Entwässerung.

Im folgenden wird nur soweit auf die einzelnen Teilgebiete der Wasserhaltung eingegangen werden, wie sie im Rahmen der gestellten Aufgabe notwendig sind.

b) Die Wasserverhältnisse bei den Aufschlußarbeiten

Das Geiseltal hatte in früherer Zeit fast nur kleinere Braunkohlengruben aufzuweisen, die – wie SALZMANN [88] schreibt – mit geringem Kapital betrieben wurden und die Kohle nur so tief wegnahmen, als sie das Wasser gewältigen konnten. So ist es erklärlich, daß der Tagebau Emma damals (1880) „unter großen Schwierigkeiten erst nach langer Zeit" [27, 88] und wohl mit großem Geldaufwand in Betrieb gesetzt werden konnte, andererseits die Versuche auf Grube Otto, zum Tagebau überzugehen, 1889 mißglückten, und die alten Schächte bei Beuna ersoffen.

Auf Tagebau Emma bewegte sich der Abbau um die Jahrhundertwende [43] auf mehreren Strossen in „21 m, 26 m, 31 m und 37 m Kohlenteufe". Die unter der 37-m-Sohle liegende Kohle war besonders im Einfallen, nach Süden zu, äußerst wasserreich, zum Teil als „schwimmend" zu bezeichnen – d. h. lockere feinkörnige Gebirgsmassen, deren Wasser unter hydrostatischem Druck steht, liegen unter dem Grundwasserspiegel [44]. Die von Tage her zusitzenden Wasser sammelten sich dort an und stiegen unter dem Drucke der im Einfallen zusitzenden Wassermengen in die Höhe.

Bei der Grube Otto wurde von der unter etwa 17 m mächtigen Deckgebirge lagernden Kohle die obere Hälfte des Flözes früher in vier Sohlen unterirdisch abgebaut. Dieser Betrieb wurde jedoch wegen des Wasserreichtums des Deckgebirges eingestellt. Auch ein Tagebau der Grube Otto mußte wieder stillgelegt werden, da der wasserreiche Abraumstoß, der dem Kohlenstoß nicht genügend voran war, die Kohlenstrosse zusammendrückte. Nur durch Abräumen einer größeren Fläche konnte der Abbau fortgeführt werden. Die zusitzenden Wasser machten die Kohle sehr wasserreich [43].

Erst im ersten Jahrzehnt dieses Jahrhunderts begannen größere Unternehmen den Bergbau im Geiseltal mit großem Aufwand aufzunehmen. So beschreibt PIATSCHECK [77] den Aufschluß der Grube Elisabeth bei Mücheln. Damals galt in mitteldeutschen Kreisen das Geiseltal mit seiner Kohle als „Dreck", und man erzählte von schwimmender Kohle und unüberwindlichen Schwierigkeiten. Trotzdem verlohnte es, Schwierigkeiten zu überwinden bei einem Verhältnis Decke : Kohle von 1 : 1 bis 1 : 4. Anfang April 1906 begann man auf Elisabeth mit dem Abteufen des Wasserhaltungsschachtes am Rande des Tales bei 121,94 m NN und erreichte das Grundwasser bei 115 m NN, also bei knapp 7 m unter Geländeoberfläche [53]. Da die Abteufarbeiten sich recht schwierig gestalteten, wollte man den Schacht bis zur Teufe von 84 m niederfrieren. Im September 1907 ersoff der Wasserschacht. Der Abraumbetrieb war schon vorher in die Grundwasserzone gekommen, und so entschloß man sich mit fliegender Wasserhaltung im Tagebauaufschluß zu arbeiten. (Aufschließung durch schiefe Ebene und Kohlenvorentwässerung durch Schächtchen und Strecken.) Als die Kohle erreicht war, begannen aber tatsächlich die Schwierigkeiten. Die Kohle hatte in ihren oberen Schichten eine breiige Beschaffenheit und die unangenehme Eigenschaft, das Wasser nicht herzugeben, sondern wie in einem Schwamm festzuhalten. Es kam auch vor, daß neben einem Schacht oder einer Strecke in wenigen Metern Entfernung plötzlich starke Solquellen zu Tage kamen. An einer solchen Stelle angesetzte Bohrlöcher brachten z. T. keinen Erfolg. Erst bei etwa 30 m Kohlenteufe im Tagebaueinschnitt Elisabeth erreichte man die feste Kohle, in der dann das Auffahren von Strecken und das Abteufen anstandslos vor sich ging. In den untersten Bänken war schließlich die Kohle so fest, daß im Streckenbetrieb Schießarbeit angewendet werden mußte.

Wie PIATSCHECK weiter schreibt, hatte man ähnliche Schwierigkeiten beim Aufschluß von Rheinland, Beuna und später von Pfännerhall zu überwinden Leichter war es jedoch bei Elise II, wo bis zu einer Entfernung von ungefähr 500 m vom Tagebau Elisabeth die Kohle schon stark entwässert war [27]

Hoffmann bringt nähere Angaben über die technische Durchführung der Entwässerungsarbeiten beim Aufschluß der Tagebaue im westlichen Geiseltal und eines neuen Feldesteiles bei Pauline. Beachtenswert ist die Angabe über „den gewaltigen Druck der schwimmenden Kohle, der so groß war, daß sogar Hölzer von 70 cm Stärke zerknickt wurden" bei der Aufschließung von Cecilie, obwohl die bereits erfolgte Wasserentziehung durch den in der Nähe liegenden Tagebau Emma die Arbeiten begünstigen sollte.

Aus diesen Schilderungen ergibt sich, daß die gesamte Kohle (Knorpel- und mulmige Kohle) in unverritztem Zustand mit Wasser gefüllt, ja die obere Kohle sogar schwammig und schwimmend war, wobei die Knorpelkohle als wasserstauend gegenüber der mulmigen Kohle anzusehen ist [32]. Das Deckgebirge hat keinerlei wasserstauende Horizonte aufzuweisen. Das hangende Tertiär besteht vielmehr aus Sanden und Kiesen, und nur vereinzelt sind Tone eingelagert. Wo aber diese Schichten der Abtragung anheimgefallen sind, folgt unmittelbar diluvialer Geschiebemergel, der in wechselndem Maße sandig-kiesige Ablagerungen enthält. Auf der Hochfläche folgt Löß im Hangenden.

c) *Wasserzuflüsse, Wasserhebung und Reichweite der Grundwasserabsenkung*

Die Tagebaue Elisabeth und Elise II sollen nach Jürgens [32] je 2 bis 2,5 m³/min Wasserzuflüsse gehabt haben, während Krusch und Fliegel [53] für Elisabeth als Förderung 3 bis 5 m³/min angeben. In einem Gutachten [69] werden nach damaligen schätzungsweisen Angaben des Oberbergamtes Halle für Elisabeth 2,3 m³/min und für Elise II 2,5 m³/min angegeben. Neue Ermittlungen (Anl. 5, 6) haben für Elisabeth von 1940 ab von 1,8 bis 2,6 m³/min schwankend gleich durchschnittlich 2,16 m³/min ergeben, von denen 1947/48 etwa $^2/_3$ Hangend- und $^1/_3$ Flözwasser waren. In den Jahren zwischen 1930 und 1940 – den Jahren mit großer Trockenheit und geringen Grundwasserstanden – soll die Förderung z. T. unter 1 m³/min gesunken sein, so daß das Werk Mühe hatte, sein Betriebswasser zu heben [115]. Außer der eigenen Fabrik war Wasser zu liefern an den Reichsbahnhof Mücheln und die Zuckerfabrik Stöbnitz. Ferner wurden anfanglich die durch den Tagebau Elisabeth geschädigten Gemeinden wie Möckerling, Zörbigker und Zorbau mit geklärtem Grubenwasser versorgt; erst spater wurden sie an das Wasserwerk Mücheln angeschlossen.

Für Elise II konnten von 1933 an mit Ausnahme der Jahre 1935 und 1939 Förderzahlen zwischen 2,001 und 3,373 m³/min gleich durchschnittlich 2,892 m³/min ermittelt werden. Nimmt man jedoch den Zeitraum 1940 bis 1950 – wie bei Elisabeth –, so erhält man als Durchschnitt 3,037 m³/min. Von den in der Zeit vom 1. 4. 1947 bis 31. 3. 1948 durchschnittlich gehobenen 2,749 m³/min waren nur 0,021 m³/min Hangend- und 0,296 m³/min Liegendwasser, während 2,432 m³/min Sonstiges Wasser waren, d. h. wohl hauptsachlich Flözwasser. Die Grubenwasser von Elise II werden nach Klärung restlos in die Stöbnitz abgeleitet, abzüglich jedoch der Wassermengen, die im Sommer zur Berieselung der Kohle zur Brandverhütung gebraucht werden.

Bei Einzelbetrachtung der beiden Tagebaue Elisabeth und Elise II treten Schwankungen in der Wasserförderung infolge gegenseitiger Beeinflussung durch die verschieden tiefen Abbaustrossen auf. Diese Schwankungen machen sich dagegen bei gemeinsamer Betrachtung nicht bemerkbar. 1950 betrug die gesamte Wasserförderung beider Tagebaue 4,76 m³/min.

Über die Wasserförderung des Tagebaues Pauline sind keinerlei Angaben aufzufinden gewesen. Als Einleitungsmenge in die Geisel aus dem Tagebau wird 1921 1 m³/min angegeben und für 1923 0,34 m³/min.

Vom Tagebau Emma ist nur aus einem Gutachten [69] die vom Oberbergamt Halle damals geschätzte Angabe von 0,6 m³/min bekannt. (Dort ist Tagebau Anna angegeben; dieses muß aber wohl ein Druckfehler sein, denn einen Tagebau Anna gab und gibt es nicht im Geiseltal.)

Die Einleitung in die Geisel betrug 1921: 0,225 m^3/min (aus der Grube Emma), für 1923: 0,480 m^3/min, 1933: 0,081 m^3/min und 1938: 0,090 m^3/min.

Auch für Cecilie ist an der gleichen Stelle 0,6 m^3/min angegeben. Jürgens [32] bezeichnet Cecilie und Leonhardt als die wasserärmsten Gruben, ohne Zahlenwerte anzugeben. Die Akten über die Grube Cecilie – zur Wintershall-AG gehörend – sind bei der Hauptverwaltung in Kassel durch Kriegseinwirkung vernichtet worden. Die wenigen Unterlagen, die auf der Grube selbst vorhanden waren, sollen einem Steiger übergeben worden sein, dessen Verbleib niemandem bekannt ist, so daß in der Markscheiderei des Werkes Neumark noch nicht einmal ein Grubenriß von Cecilie vorhanden ist. Die spärlichen Angaben lassen auf etwa 0,2 bis 0,4 m^3/min Flözwasser schließen, während etwa 2 m^3/min als Sonstige Wasser geführt werden – Abwasser aus der Brikettfabrik Mücheln (Cecilie). Die Abwassermengen werden früher größer gewesen sein, da das Mineralölwerk Lützkendorf den stillgelegten Tagebau Cecilie als Klärteich benutzte. Im Jahre 1950 betrugen die Gesamtwasser durchschnittlich 1,514 m^3/min. Während anfangs die Grubenwasser von Cecilie durch die Brikettfabrik gingen, wurden sie später, da sie zu hart waren, direkt in die Geisel abgeleitet. 1933: 0,263 m^3/min, 1938: 0,300 m^3/min.

Von den folgenden Gruben liegen aus Gutachten Beobachtungen über die Wasserhebung z. T. von Beginn der Tagebaue an vor. So hat Neumark-West (früher Leonhardt) von 1910 bis 1950 Wasserhebungen zwischen 0,234 m^3/min (1934) und 2,985 m^3/min (1941) gleich durchschnittlich 1,112 m^3/min aufzuweisen. 1948 setzten sich die gehobenen 1,892 m^3/min Wassermengen aus etwa 0,2 m^3/min Hangend- und im übrigen aus Flözwasser zusammen, wovon wiederum die meisten Wasser – 1,275 m^3/min – aus der Hauptwasserhaltung des Ostfeldes, d. h. dem alten Tagebau Leonhardt stammten. 1950 betrug die Hebung durchschnittlich 1,153 m^3/min, wovon 0,622 m^3/min auf das Ostfeld entfielen. Hangendwasser wurden nicht besonders genannt. Die Tagebauwasser werden vollständig in der Brikettfabrik genutzt.

Die Tagebaue Neumark-Ost und -Süd haben seit 1903 zwischen 1,540 m^3/min (1924) und 4,671 m^3/min (1937) schwankende Wasserhebung (durchschnittlich 2,645 m^3/min) aufzuweisen. Die Akten der Jahre 1931 bis 1935 waren nicht mehr auffindbar. Die durchschnittlichen 1,932 m^3/min im Jahre 1950 setzten sich zusammen aus: 0,950 m^3/min Flözwasser von Neumark-Ost und 0,250 m^3/min Liegend-, 0,700 m^3/min Flöz- und 0,032 m^3/min Sonstigen-Wassern von Neumark-Süd. Sämtliche Wasser werden in die Geisel abgeleitet.

Die Wasserhebung des Tagebaues Pfännerhall schwankte seit Aufnahme der Wasserhaltung (1911) zwischen 1,550 m^3/min im Jahr 1919 und 7,335 m^3/min im Jahre 1924 und ergibt einen durchschnittlichen Wert von 3,207 m^3/min, wovon ein Teil direkt, ein anderer Teil erst nach Nutzung in der Brikettfabrik in die Geisel geleitet wird. Im Jahr 1950 setzten sich die durchschnittlichen 2,881 m^3/min gehobenen Wasser zum größten Teil aus Flözwasser zusammen. In dieser Zahl sind geringfügige Hangendwasser enthalten, die jedoch nicht gesondert zu erfassen sind.

Ähnlich wie mit Elisabeth und Elise II ist es mit Pfännerhall und dem jetzigen Tagebau Großkayna. Nimmt die Wasserhaltung des einen Tagebaues zu, so nimmt die des anderen ab, während diese Schwankungen sich bei Zusammenziehung beider Tagebaue ausgleichen.

Die Wasserförderung im Felde Michel-Vesta lag von 1907 bis 1950 zwischen 0,901 m^3/min (1926) und etwa 6,000 m^3/min (1910 bis 1914) mit einem Durchschnittswert von 3,207 m^3/min. Angaben über die Herkunft der gehobenen Wasser sind nur aus den Jahren 1947/48 vorhanden. Von den 1947 durchschnittlich 3,218 m^3/min gehobenen Wassern waren etwa 0,050 m^3/min Hangend-, 0,450 m^3/min Liegend-, 0,200 m^3/min aus dem Stollgraben (d. h. Abwasser aus dem Dorf Kleinkayna) und 2,518 m^3/min Sonstige-Wasser (Flöz- und Rücklaufwasser aus der Brikettfabrik ?). 1948 wurden durchschnittlich 3,246 m^3/min gehoben. Sie setzten sich zusammen aus: 1,205 m^3/min Liegend-, 0,944 m^3/min Sonstigen- (Flöz-)

Wassern gleich 2,149 m³/min, ferner aus Rücklauf aus der Fabrik bzw. aus der Kläranlage 0,401 m³/min und 0,696 m³/min aus dem Dorf Kleinkayna. Bei der Förderung 2,881 m³/min von 1950 sind 0,200 m³/min von Kleinkayna und 0,300 m³/min Rücklauf aus der Fabrik enthalten.

Wie hoch die Wasser von Übertage in den übrigen Jahren waren, ist nicht bekannt. Die Abwasser von Kleinkayna werden wohl seit 1943 dem Tagebau zugeflossen sein, als nämlich die Leiha von ihm angeschnitten wurde (s. auch bei Kayna-Süd). Aus dem Klärwasser wird wohl immer ein gewisser Betrag in die Grube übergetreten sein. Die enthärteten Grubenwasser werden als Kesselspeisewasser in der Brikettfabrik genutzt. Die Überschüsse wurden früher an das Elektrizitätswerk Großkayna geliefert.

Aus dem Gebiet des jetzigen Tagebaues Kayna-Süd wurden bereits vor 1922 Wasser gehoben. Nach dem Deutschen Bergbaujahrbuch [5] wurden die Aufschlußarbeiten ab 1. 1. 1922 eingestellt unter Beibehaltung der Wasserhaltung. Sie hat etwa 0,500 m³/min (nach Aktennotizen der Grube Beuna) betragen. Die Wasser wurden in die Leiha abgeleitet. Als aber diese – wie oben beschrieben – vom Tagebau Michel-Vesta 1943 angeschnitten wurde, liefen die Grubenwasser von Kayna-Süd, ähnlich wie die Abwasser aus Kleinkayna, in den Tagebau Michel-Vesta. Für die abermalige Hebung zahlte Beuna an Michel-Vesta eine Entschädigung. Von dem gleichen Jahre (1943) an wurden die Aufschlußarbeiten wieder aufgenommen, d. h. die Wasserhebung wurde gesteigert bis 2,297 m³/min (1944) und stieg wieder von 1948 an bis 1950 auf durchschnittlich 8,804 m³/min. In den Monaten Juli bis Oktober 1950 lag die Wasserförderung über 10,000 m³/min. Nach Angaben der Grubenverwaltung sind schätzungsweise $^2/_3$ bis $^3/_4$ Hangend- und der Rest Flözwasser, das sind mehr als $^1/_3$ der gesamten Wasserhebung im Geiseltal.

Tagebau Beuna hat seit seiner Eröffnung (1907) Wasserhebungszahlen im Bereich von 1,080 m³/min (1938) bis 4,070 m³/min (1943) gleich durchschnittlich 2,256 m³/min aufzuweisen. Die Aufteilung in Hangend-, Flöz-, Liegend- und Sonstige-Wasser ist nur annähernd durchführbar, da die Angaben nach den entsprechenden Entwässerungsorten (Strecken, Kippe, Spergauer Straße usw.) zusammengestellt sind und nicht nach geologischen Horizonten. Außerdem sind vermutlich in allen Angaben Sickerwasser aus dem Klärteich bis etwa 1 m³/min enthalten.

Die 3,640 m³/min im Jahre 1947 der Grube Beuna setzten sich zusammen aus etwa 0,500 m³/min Hangend-, 1,700 m³/min Liegend- und 1,440 m³/min Sonstigen-Wassern (Flöz- und Sickerwasser). Bei den 2,488 m³/min des Jahres 1950 sind 0,060 m³/min aus dem Tiefbohrloch am Gleichrichter (Buntsandsteinbrunnen 1 im Tagebau) (T 24, Anl. 9) enthalten. Es ist anzunehmen, daß dieser Betrag in den früheren Jahren bei dem Liegendwasser aufgeführt ist. Die Tagebauwasser werden nach Nutzung in der Brikettfabrik geklärt und z. T. in die Geisel abgeleitet, zum anderen Teil wieder genutzt.

Zusammenfassend ist zur Wasserhebung (Anl. 5, 6) folgendes festzustellen. Die Gruben des Geiseltales haben – wie aus z. T. langjährigen Durchschnittswerten hervorgeht – insgesamt etwa 22,815 m³/min Wasser aus den Tagebauen gehoben. Davon sind etwa 2,500 m³/min Rücklaufwasser, so daß 20,315 m³/min echtes Grundwasser sind. Das Jahr 1950 hat infolge der gesteigerten Wasserhebung beim Tagebauneuaufschluß Kayna-Süd von durchschnittlich 8,804 m³/min eine Gesamtwasserförderung von etwa 26,412 m³/min erbracht, die einer durchschnittlichen Jahresförderung von 13,883 Mill. m³ entsprechen, das ist etwa der Jahresverbrauch der Stadt Halle im Jahre 1940 bei einer viertel Million Einwohnern. Diese Zahl setzt sich zusammen aus etwa 8,063 m³/min Hangend-, 1,934 m³/min Liegend-, 13,915 m³/min Flöz- und Sonstigen- und 2,500 m³/min Rücklaufwasser gleich 26,412 m³/min. Zieht man die Rücklaufwasser, die ja sozusagen künstliches Grundwasser sind, ab, so erhält man für das Jahr 1950 eine Hebung als echtes Grundwasser von 23,912 m³/min (entsprechend durchschnittlich 12,57 Mill. m³/Jahr).

Für die Auswertung der Wasserförderung benötigt man Angaben über die Entwässerbarkeit bzw. die Durchlässigkeit der entsprechenden Gesteine.

Nahnsen [75] gibt auf einer Tabelle Kapillarwerte und Körnungen in Gewichtsprozent und Millimeter von Sanden an. Unter anderen führt er an:

Hangendes Tertiär von Grube Otto

65% Grobsand, 34% Feinsand, 0,5% Silt, 0,5% Kolloide Teile

und bezeichnet es als feinen Grobsand mit einem Kapillarwert 39, wobei dieser gleich dem kapillaren Anstieg in 24 Stunden gemessen in Zentimetern ist. Es sei erwähnt, daß der Kapillarwert im umgekehrten Verhältnis zur Entwässerbarkeit steht.

Außerdem führt Nahnsen aus dem Geiseltal an:

diluvialen Kies (gewaschen) 100% Kies über 2 mm ∅

mit einem Kapillarwert 3, d. h. dieser ist fast vollständig entwässerbar.

Andererseits enthält die Darcysche Formel der Fließgeschwindigkeit (v) des Wassers im Boden

$$v = k \cdot i$$

den Durchlässigkeitsbeiwert k (cm/sec), wobei i das Druckgefälle = Höhe/Länge ist.

Den Wert k und das Porenvolumen hat Ludin [69] für 6 Bodenproben aus dem Geiseltal in Laboratoriumsversuchen wie folgt bestimmt:

Tertiärer Kies Probe 4 Pfännerhall
$k = 0{,}0133$ cm/sec Porenvolumen 0,245

Tertiär von Vesta Nordseite
$k = 0{,}0333$ cm/sec Porenvolumen 0,279

Unstrutkies von Vesta Nordseite
$k = 0{,}0355$ cm/sec Porenvolumen 0,415

Unstrutkies Leihadreieck Pfännerhall (Kiesloch 68 m NN)
$k = 0{,}0389$ cm/sec Porenvolumen 0,245

Unstrutkies Probe 3 Pfännerhall
$k = 0{,}0755$ cm/sec Porenvolumen 0,226

Tertiärsand Pfännerhall (unter Runstädter Park bei 68 m NN, wobei die Kohle bei 65 m NN liegt)
$k = 0{,}1538$ cm/sec Porenvolumen 0,336
(es war viel feinste Braunkohle darin, die beim Einfüllen verlorenging).

Von den normalen Verhältnissen weichen diese Tertiärkiese recht stark ab. Jedoch schreibt Ludin, daß diese Versuche wohl zu kleine k-Werte geliefert hätten und rechnet für

Lehm	$k = 0{,}000$ (dicht)	cm/sec
Kohle	$k = 0{,}001$	cm/sec
Tertiär	$k = 0{,}036$	cm/sec
Unstrutkies	$k = 0{,}105$	cm/sec.

Ein Gutachten der Versuchsanstalt für Wasser-, Erd- und Schiffsbau, Erdbauabteilung Berlin vom 26. 7. 1943, unterzeichnet von Oberregierungs- und -baurat Ehrenberg, enthält folgende Wasserdurchlässigkeitswerte und Sieb- und Schlämmanalysen Feinboden in Gewichtsprozent:

Kohlenschlämme a. d. Oberfläche des Schlämmteiches Cecilie
150 bis 200 m nordwestlich des Schlämmeinlaufes
$k = 0{,}00003$ cm/sec
2% Grobsand, 7% Feinsand, 83% Silt, 8% Kolloide Teile

Sand mit Kohlenschlamm a. d. Oberfläche des Schlämmteiches
etwa 15 m westlich des Schlämmeinlaufes
$k = 0{,}00006$ cm/sec

41% Grobsand, 51% Feinsand, 7% Silt, 1% Kolloide Teile
Grauer Ton aus +45 m NN Grube Leonhardt
20 m östlich der Wasserhaltung
$k = -$
13% Grobsand, 15% Feinsand, 29% Silt, 43% Kolloide Teile
Braunkohle aus +72 m NN Grube Leonhardt
150 m nordöstlich der Wasserhaltung
$k = 0{,}00042$ cm/sec
Braunkohle aus +72 m NN Grube Leonhardt
150 m nordöstlich der Wasserhaltung
$k = 0{,}00110$ cm/sec

Scheidig [91] gibt für gekipptes Material von Leonhardt (Geschiebemergel) $k = 0{,}00000011$ cm/sec und Porenvolumen 28,2% an.

Aus all diesen Angaben kann man ersehen, daß die Wasserdurchlässigkeit vom Ton über Braunkohle, tertiären Sand und Kies bis zum Diluvialkies ansteigt.

Die Entwässerbarkeit ist in der Kohle also gering und nimmt im Hangenden zu, so daß die Entwässerungskurve in der Kohle steil steht und sich über die tertiären Sande und Kiese zum Diluvialkies mehr und mehr verflacht.

So ist die Wasserförderung aus dem Hangenden zum Beginn der Tagebaue sehr hoch, da die Entwässerbarkeit groß ist, später aber geringer oder kommt vollständig zum Erliegen, wenn nicht ständig größere Wassermengen nachströmen. Die Kohle wird aber immer Wasser enthalten, die ihr abgezapft werden müssen, da sie ja, wie oben beschrieben, nur geringe Durchlässigkeitswerte von etwa $k = 3 \cdot 10^{-5}$ cm/sec bis etwa $110 \cdot 10^{-5}$ cm/sec aufweist.

So geben Klein und Pietzsch [44, 82] für den Hallischen Bezirk 52% Wassergehalt an, während Jürgens [32] für grubenfeuchte Kohle des Geiseltales 52 bis 54% und Weigelt [108] für die entwässerte, anstehende Kohle 50 bis 55% nennen. Diese Zahlen stimmen auch mit den Analysenwerten der Braunkohlenverwaltung Merseburg überein. Im Gegensatz dazu sind für unverritzte, unentwässerte Kohle im Geiseltal keinerlei Angaben bekannt außer einer von Weigelt [108] von schätzungsweise 70%.

Es ist auf diese Weise erklärlich, daß die Hangendwasserförderung des Tagebaues Kayna-Süd sehr groß ist, da sie doch aus dem alten Unstrutlauf [63] aus der Freyburger Mulde gespeist wird. Auch Elisabeth erhält Wasser aus der Querfurter Mulde von Süden und Südwesten her, während Elise II fast kein Hangendwasser aufzuweisen hat. Ähnlich ist es bei Neumark, auch dort fehlen Zuflüsse im Hangenden, während Beuna etwas größere Förderung aufweist.

Die Flözwasserförderung ist besonders in Gebieten großer Mächtigkeit recht erheblich, also bei Mücheln und bei Großkayna, während sie bei Neumark und Beuna mittlere Werte einnimmt, bei Beuna hauptsächlich deshalb, weil der Kohlenvorrat dem Ende zugeht.

Die Liegendwasser haben nur eine untergeordnete Bedeutung. Bei diesen sind oft Wasser enthalten, die zwar aus im Liegenden aufgefahrenen Strecken stammen, diesen aber durch Firstbohrlöcher aus der Kohle zugesickert sind.

Für die Errechnung der Reichweite von Absenkungstrichtern stellte Sichardt die Formel

$$R = 3000 \cdot s \cdot \sqrt{k}$$

auf, wonach die Reichweite R der Absenkung s und der Quadratwurzel aus dem Durchlässigkeitsbeiwert proportional ist, deren Richtigkeit Rom [87] erneut unterstrichen hat.

Zweifelt man diese auch nicht an, so ist doch Voraussetzung, die k-Werte zu kennen, was leider im Geiseltal noch nicht in genügender Weise der Fall ist. Rechnet man mit den

Werten von LUDIN und beispielsweise einer Mächtigkeit von

10 m Unstrutkies	$k = 0{,}00105$	$= 0{,}972$ km	Reichweite
10 m Hangendem Tertiär	$k = 0{,}00036$	$= 0{,}569$ km	Reichweite
30 m Kohle	$k = 0{,}00001$	$= 0{,}285$ km	Reichweite
		1,826 km	

so erhält man eine Reichweite des Entnahmetrichters von 1,826 km. Zu einer Berechnung müßten natürlich genauere Schichtmächtigkeiten genommen werden. Es fehlen aber vor allem k-Wert-Bestimmungen.

V. Der Buntsandstein und seine Grundwasserführung

a) Die Eigenschaften der Buntsandsteinwasser

Der Untergrund des Geiseltales – wie oben schon beschrieben –, geologisch zur Querfurter Mulde gehörend (Anl. 1), wird von Buntsandstein gebildet. Für Wasserversorgungen kommen die durch geringe Härte und niedrigen Eisengehalt ausgezeichneten Grundwasser des Mittleren Buntsandsteins in Frage, worauf bereits GABERT [11] hinweist.

Dagegen hat der Obere Buntsandstein (Röt) durch Mergel, Dolomit, Gips und z. T. Steinsalzeinlagerungen bis über 100° DH harte und ungünstige Wasser. Er wird bei Wassererschließungen gemieden oder beim Durchteufen abgedichtet. Z. B. ist der Brunnen auf dem Töpfermarkt in Schafstädt 1908/09 im Röt (bis 73 m Teufe) angesetzt, bis zu einer Gesamtteufe von 245,50 m in den Mittleren Buntsandstein niedergebracht und wegen seiner Glaubersalzhaltigkeit der nicht abgeschlossenen Rötwässer nicht benutzt worden. Auch der Brunnen I/36 Leonhardt (T 21, Anl. 1, 25) führte Wasser von 108° DH, nach Abschluß der Rötwässer von 20 bis 30° DH.

Der Untere Buntsandstein ist wegen seiner mehr feinsandig-lettigen Schichten hydrologisch weniger wichtig. Nur aus den Zonen der Rogensteinbänke kann Wasser gewonnen werden, wobei durch den nahen Zechstein Versalzungsgefahr besteht.

b) Die alten Bohrungen

Um die Jahrhundertwende wurden z. Z. des Kalifiebers auch im Gebiet der Querfurter Mulde mehrere Tiefbohrungen niedergebracht. Leider geben die Schichtenfolgen dieser Bohrungen für den Buntsandstein nur ungenaue und z. T. summarische Angaben, da das Abteufen bis in den Unteren Buntsandstein hinein als Meißelbohrung erfolgte. Außerdem sind Angaben über die Grundwasserführung auch in den Veröffentlichungen der Geol. Landesanstalt nicht enthalten. Im folgenden sollen nur die Bohrungen betrachtet werden, die in der näheren Umgebung des Geiseltales niedergebracht worden sind. Nur drei Bohrungen gehen über dieses Gebiet hinaus. Die Schichtenverzeichnisse sind auf den Anlagen 9 bis 39 ersichtlich.

Das 1897 niedergebrachte Kalibohrloch (124 m NN) am Ostende von Schotterey bei Bad Lauchstädt (T 6, Anl. 1, 36) (Bohrjournal auf einem Leicafilm des Bohrarchivs der GLA) enthält 5 m Alluvium und Diluvium, bis 266 m = 261 m Mittleren Buntsandstein, bis 540 m = 274 m Unteren Buntsandstein und bis 725 m Zechstein (mit Salz). Die Grenze des Mittleren zum Unteren Buntsandstein wird zu revidieren sein (s. unten). (Ansatzpunkt nach der Karte [9].)

Das Bohrloch Großgräfendorf (T 5, Anl. 1, 22) [37] 1903 bei 127 m NN angesetzt, durchteuft bis 4 m Diluvium, bis 223 m = 219 m Mittleren Buntsandstein, bis 519 m = 296 m

Unteren Buntsandstein und bis 818,80 m Zechstein (mit Salz). Die Lagerung ist ungefähr horizontal. Der Ansatzpunkt des Bohrloches ist nach den Karten [9, 135] ermittelt worden.

Das Bohrloch Oberklobikau (T 10, Anl. 1, 32) [37, 53, 128] wurde im Zeitraum von 1902 bis 1908 westlich des Ortes bei 122 m NN niedergebracht (Ansatzpunkt: [9, 135]). Die Schichtenfolge enthält nach damaliger Bearbeitung bis 3,50 m Diluvium, bis 307,40 m = 303,90 m Mittleren Buntsandstein (Weißermel, nach Keilhack bis 297,40 m), bis 549 m = 241,60 m Unteren Buntsandstein, bis 891,82 m Zechstein (mit nur 15 m Salz) und bis 899,60 m Oberrotliegendes. Auch hier wird einiges zu ändern sein.

Vom Bohrloch Oberwünsch (T 15, Anl. 1, 33) (1903 gestoßen) sind nur summarische und leider ungenaue Angaben vorhanden. Während nach einem Bohrjournal aus den Akten des Geologischen Institutes Halle (von Prof. J. Weigelt) die Bohrung bei etwa 137,50 m NN östlich Oberwünsch angesetzt und auf dem geologischen Blatt [135] an der gleichen Stelle im Mittleren Buntsandstein stehend abgedruckt ist, wird im Gutachten [53] als Ansatz 135 m NN angegeben, und nach ihm durchteuft die Bohrung nach 4 m Quartär bis 32 m = 28 m Röt, bis 270 m = 238 m Mittleren Buntsandstein, bis etwa 500 m = 230 m Unteren Buntsandstein und bis 727 m Zechstein (mit Salz). Fulda [9] gibt die Bohrung an der gleichen Stelle im Oberen Buntsandstein an.

Über das Bohrloch Schmirma (T 16, Anl. 1, 35) (1906) bei Mücheln, nördlich Schmirma (bei 138 m NN) angesetzt, gibt Picard [78] erst von 445 m an Angaben (bis dahin Meißelbohrung ohne Proben). Das Gutachten [53] enthält summarisch bis 13 m Quartär, bis 85 m = 72 m Röt, bis 362 m = 277 m Mittleren Buntsandstein, bis 642 m (bzw. 698 m) = 280 m (bzw. 336 m nach Picard) Unteren Buntsandstein und – allerdings untergliedert – bis 940 m Zechstein (mit Salz). Nur ein Bohrjournal aus den Akten des Geologischen Institutes Halle bringt nähere Angaben bis 364,30 m. Dieses Bohrloch ist auf dem geologischen Blatt [135] eingetragen.

Am Westrande des Dorfes Frankleben (98 m NN) wurde 1903 ein weiteres Tiefbohrloch (T 23, Anl. 1, 20) [37, 128] angesetzt. Es zeigt nach damaliger Bearbeitung bis 3,80 m Alluvium, bis 18,80 m Diluvium, bis 54 m (Keilhack) bzw. 56 m (Weißermel) Tertiär, bis 385 m = 329 m Mittleren Buntsandstein, bis 692 m = 307 m Unteren Buntsandstein, bis 1075,65 m Zechstein (ohne Salz) und bis 1087,60 m Oberrotliegendes. Für das Einfallen der Schichten wird 10° angegeben. Den Ansatzpunkt zeigt eine Situationskarte in den Erläuterungen [128] und auch das Blatt Halle [135]. Bereits Krusch und Fliegel [53], später Lehmann [65] und Frommeyer [8] deuten die Horizonte von 54 bis 58 m als Oberen Buntsandstein.

Das 1903 am Westrande des Ortes Schafstädt (T 4, Anl. 1, 34) [135] bei 150 m NN niedergebrachte Bohrloch Schafstädt [37] durchteuft bis 1,30 m Diluvium, bis 113 m Oberen Buntsandstein (bis 114 m [53]), bis 411 m = 298 m Mittleren Buntsandstein, bis 698,40 m = 287,40 m Unteren Buntsandstein und bis 743,60 m Zechstein (mit Salz). Das Einfallen wird mit 10 bis 15° angegeben.

Etwa in der Mitte der Querfurter Mulde bei 193 m NN ist das Bohrloch Göhrendorf (T 3, Anl. 1, 21) westlich des Dorfes abgeteuft [37, 53] worden. Es zeigt folgende Schichten: bis 6 m Diluvium, bis 13,5 m Tertiär, bis 138,5 m Unteren Muschelkalk, bis 308,50 m = 170 m Oberen Buntsandstein – in dem nach Krusch und Fliegel [53] von 229 bis 249 m ein Gipslager und nach Herrmann [25] kein Steinsalz inmitten der Querfurter Mulde enthalten ist –, bis 577 m = 268,50 m Mittleren Buntsandstein, bis 874 m = 297 m Unteren Buntsandstein und bis 1100,80 m Zechstein (mit Salz). Der Ansatzpunkt ist nach dem Blatt Halle [135] jedoch im Mittleren Muschelkalk nördlich, nach der Lagerstättenkarte [136] westlich des Dorfes, wo ja nach dem geologischen Blatt [135] im Untergrund Unterer Muschelkalk ansteht.

c) *Das Profil des Mittleren Buntsandsteins und das Einfallen der Schichten*

In den Jahren von 1930 bis 1940 wurden mehrere Bohrungen in den Mittleren Buntsandstein von größeren Industriewerken zur Wassererschließung niedergebracht. Im Zusammenhang mit den entsprechenden Wasserverleihungsanträgen wurden Gutachten erstellt. So gab auch eines LOTZE [67] für das Kaliwerk Roßleben ab. Diesem liegt eine Meter für Meter durchgeführte Profilaufnahme des Unteren und Mittleren Buntsandsteins in der Ziegelrodaer Forst zugrunde (Anl. 7). Danach ist der Mittlere Buntsandstein 275 m mächtig und enthält nach LOTZEs Einteilung [68] vier Sedimentationszyklen A bis D, wobei I der sandigen und II der tonigen Phase entsprechen.

Nach einer alten Gliederung des Mittleren Buntsandsteins [120] setzt er sich aus drei Sandsteinhorizonten mit zwei Tonzwischenschichten mit einer Gesamtmächtigkeit von 275 m zusammen.

Diese Gliederung hat PICARD [81] wieder aufgegriffen bei der Bearbeitung der Wasserbohrungen im Geiseltal.

Werden (Anl. 8) diese beiden von WÜST und LOTZE aufgestellten Gliederungen vereinigt und die Grenzen nach der genaueren Schichtenfolge von LOTZE abgestimmt, so ergeben sich fünf Zonen mit vorwiegenden Sandsteinen und 5 Zonen mit Tonvorherrschaft mit einer Gesamtmächtigkeit von 275 m für den Mittleren Buntsandstein.

Außerdem kommt man durch Berechnung zum generellen Einfallen der Schichten der Querfurter Mulde. Nimmt man dazu die Grenze vom Mittleren zum Unteren Buntsandstein im Bohrloch Göhrendorf als tiefste Stelle des Mittleren Buntsandsteins (– 384 m NN) und die gleiche Grenze am Teutschenthaler Sattel mit + 140 m NN und in der Gegend östlich Wendelstein in der Ziegelrodaer Forst mit + 170 m NN an, die Entfernung vom Bohrloch Göhrendorf nach Nordosten bis zum obengenannten Punkt mit 15 km und nach Südwesten mit 13 km, so erhält man mit Hilfe der Tangens-Funktion für das generelle Einfallen der Schichten des nordöstlichen Flügels der Querfurter Mulde 2° $\left(\text{tg} = \frac{140 + 384}{15000} = \frac{524}{15000}\right)$ und das des südwestlichen Flügels 2° 26′ $\left(\text{tg} = \frac{170 + 384}{13000} = \frac{554}{13000}\right)$ als Durschnittswerte.

d) *Die Gliederung der alten und neuen Bohrungen*

Betrachtet man mit Hilfe dieses Profils und des Winkels des generellen Einfallens die Bohrungen, so ist folgendes festzustellen.

Das Bohrloch Schotterey (T 6, Anl. 1, 36) liegt 3 km südwestlich des Teutschenthaler Sattels, der sich über den Rotthügel (westlich Merseburg) weiter nach Südosten hin fortsetzt. Zwischen den beiden genannten Stellen (Teutschenthal und Rotthügel) ist jedoch unter dem Diluvium zunächst noch Mittlerer Buntsandstein vorhanden. Infolge der Sattellage wurde er in vordiluvialer Zeit bis auf 80 m (nach dem Profil auf Blatt Halle-Süd [127]) seiner liegenden Schichten abgetragen. Bis Schotterey kann bei 2° Einfallen der Mittlere Buntsandstein nur etwa 105 m an Mächtigkeit gewinnen. Nach der alten Gliederung soll der Mittlere Buntsandstein bereits bei Schotterey 261 m Mächtigkeit haben. Die Schichten von 188 bis 266 m Teufe (hauptsächlich Schieferletten) sind zum Unteren Buntsandstein zu rechnen, ja womöglich schon von 148 m Teufe an. Im letzteren Falle würde jedoch die Mächtigkeit des Unteren Buntsandsteins zu stark ansteigen – vorausgesetzt, daß die Grenze vom Unteren Buntsandstein zum Zechstein richtig angegeben ist, da die Abgrenzung der Letten des Unteren Buntsandsteins und Zechsteins nicht einfach ist. (Oft wird die Grenze erst beim jüngeren Steinsalz bzw. – wo dieses ausgelaugt ist – beim Hauptanhydrit angenommen.) So würde man (bei der Grenze Mittlerer zum Unteren Buntsandstein in 188 m Teufe) auf eine Mächtigkeit des Mittleren Buntsandsteins von 183 m kommen, die den

Horizonten Ia bis IIIb entspricht, wobei Ib und IIb geringere und IIa größere Mächtigkeit als im aufgestellten Profil aufweisen – sich insgesamt annähernd ausgleichend.

Das Bohrloch Großgräfendorf (T 5, Anl. 1, 22) dürfte mit seinen 219 m Mittleren Buntsandstein nach der alten Gliederung den wirklichen Verhältnissen entsprechen (beim Teutschenthaler Sattel etwa 80 m Mittlere Buntsandstein-Mächtigkeit und Zunahme auf 4 km Entfernung bis Großgräfendorf 140 m) und damit den Horizonten Ia bis IIIb angehören. Die Mächtigkeiten stimmen annähernd mit dem Profil überein, nur läßt sich die Grenze zwischen IIa und IIb nicht genau festlegen.

Das Bohrloch Oberklobikau (T 10, Anl. 1, 32) soll nach der alten Bearbeitung 303,90 m oder 293,90 m Mittleren Buntsandstein aufweisen. Würde man die Mächtigkeit von etwa 80 m für den Mittleren Buntsandstein auf dem Teutschenthaler Sattel bei seiner senkrechten Verbindung mit dem Bohrloch Oberklobikau (Entfernung etwa 7 km) und ein Einfallen von 2° annehmen, wie bei dem etwa 2 km nordwestlich liegenden Schnittpunkt des Teutschenthaler Sattels mit dem Bohrloch Schotterey, so käme man jedoch auf die Mächtigkeit von etwa 303,90 m. Da wohl schon die Schieferletten mit Estheria ab 218,30 m Teufe dem Unteren Buntsandstein zuzurechnen sind, würde die Mächtigkeit des Mittleren Buntsandsteins 214,80 m betragen, die einem Einfallen von 1° 10′ entspricht. Auf eine Entfernung von etwa 2 km wird dann bis zur Grenze Mittlerer zum Oberen Buntsandstein die volle Mittlere Buntsandstein-Mächtigkeit erreicht. Dadurch bekommt auch der Untere Buntsandstein eine größere Mächtigkeit – sie entspricht dann der der anderen Bohrungen auf der Merseburger Buntsandsteinplatte. Der Mittlere Buntsandstein des Bohrloches Oberklobikau wird aus den Horizonten Ia bis IIIb gebildet, die annähernd eingeordnet werden können. Ia ist etwas mächtiger, Ib gering-mächtiger, IIa bis IIb und IIIa bis IIIb entsprechen den normalen Mächtigkeitszahlen, lassen sich aber nicht genau in sich abgrenzen.

Es ist im Schwarzeichegebiet (Nieder- und Oberklobikau, Nieder- und Oberwünsch) und auch weiter südwestlich davon im Bohrloch Schmirma das Einfallen der Schichten mit etwa 1° 10′ anzunehmen. Dieser geringere Fallwinkel ist aus der Heraushebung des Mittleren aus dem Oberen Buntsandstein im Gebiet um Niederwünsch ersichtlich. Auch der Kupferschiefer liegt höher, d. h. etwa 207,80 m (Oberklobikau – 769,80 m NN gegenüber Frankleben – 977,60 m NN).

Im Bohrloch Oberwünsch (T 15, Anl. 1, 33) sind die Schichtgrenzen nicht genau bestimmbar. Nach dem alten Bohrjournal reicht der Mittlere Buntsandstein von 32 m bis 326 m Teufe = 294 m, und es folgen 340 m Unterer Buntsandstein. Nach Krusch und Fliegel [53] reicht der Mittlere Buntsandstein nur bis 270 m Teufe = 238 m, und es folgen 230 m Unterer Buntsandstein. Beide Mächtigkeiten sind wohl zu gering im Vergleich mit den übrigen Bohrungen. Nimmt man die Mächtigkeit des Mittleren Buntsandsteins – er ist ja überlagert vom Oberen Buntsandstein – von 275 m an, so kommt man auf 307 m Teufe und bei 350 m Untere Buntsandstein-Mächtigkeit auf 657 m Teufe. Genaueres ist nach beiden summarischen Schichtenfolgen nicht anzugeben. Das Schema des Profils ist natürlich in ein ungegliedertes ohne Schwierigkeiten einzubauen.

Das Bohrloch Schmirma (T 16, Anl. 1, 35) durchteuft 276,10 m Mittleren Buntsandstein [53] – überlagert von Oberem Buntsandstein – und 280 m bzw. 336 m Unteren Buntsandstein, je nachdem, wo die Grenze Unterer Buntsandstein zum Zechstein angenommen wird [53, 78]. Die fünf Zyklen lassen sich in diesem Profil erkennen. Die Horizonte IIa bis IIIa sind jedoch nicht genau abzugrenzen, IVb hat eine große Mächtigkeit bzw. ist IVa tonig ausgebildet. Vb ist im Bohrjournal allerdings nicht vorhanden.

Im Bohrloch Frankleben (T 23, Anl. 1, 20) sind, wie oben schon beschrieben, 4 m Oberer Buntsandstein enthalten. Darunter lagern bis 385 m Teufe Mittlerer Buntsandstein „vielleicht z. T. auch noch Unterer Buntsandstein“ (wie es in den Erläuterungen [128] heißt) und weiterhin bis 692 m Unterer Buntsandstein. Das Einfallen des Mittleren Buntsandsteins wird mit 10° angegeben. Diese Zahl ist wohl etwas hoch. Zwar kommt man mit dem generellen Einfallen von 2° nicht aus, aber mit Werten von knapp 4° bis 5° – ausgehend von der Grenze Unterer zum Mittleren Buntsandstein in der Gegend von Merseburg. Berechnet man den Fallwinkel aus der durchteuften Mittleren und Unteren Buntsandstein-Mächtigkeit von 634 m und einer wahren Mächtigkeit von etwa 275 m + 350 m = 625 m, so kommt man allerdings auch auf fast 10°.

$$\cos\frac{625}{634} = 9° \, 39'.$$

Jedenfalls geht aus den Mächtigkeitszahlen hervor, daß die Grenze des Unteren zum Mittleren Buntsandstein etwa bei 337 m Teufe = 279 m = 275 m wahrer Mittlerer Buntsandstein-Mächtigkeit liegt. Danach gehören also 48 m der alten Gliederung bis 385 m Teufe bereits zum Unteren Buntsandstein. Die Schichtenfolge läßt sich ebenfalls wie bei Oberwünsch ohne weiteres einbauen. Rückschlüsse aus der Zechsteinauslaugung sind schwer zu ziehen, da das Profil der Bohrung Frankleben eine überaus große Mächtigkeit des Mittleren Zechsteins von 238,90 m Anhydrit und 11,70 m Stinkschiefer enthält. Darüber lagern Auslaugungsrückstände der älteren Steinsalzserie mit 39 m Mächtigkeit, und es folgt der Hauptanhydrit in der gleichen Mächtigkeit und Höhenlage (NN) wie im Bohrloch Schmirma, in dem die volle Salzfolge vorhanden ist (Anl. 2).

Beim Bohrloch Schafstädt (T 4, Anl. 1, 34) ist die Grenze des Unteren Buntsandsteins zum Zechstein gegenüber den anderen Bohrungen höher angesetzt. Die Schichten sollen ein recht hohes Einfallen von 10° bis 15° aufweisen. In die fünf Zyklen kann die Schichtenfolge gegliedert werden, wobei die Horizonte IIa und IIIb zu mächtig, IIb bis IIIa – nicht untergliederbar – zu geringmächtig und IVa bis Va nicht unterteilbar sind.

Bohrloch Göhrendorf (T 3, Anl. 1, 21) weist 268,50 m Mittleren Buntsandstein auf. Die Unterer Buntsandstein-Zechstein-Grenze ist wie beim Bohrloch Schafstädt höher angesetzt. Das Fünf-Zyklenschema läßt sich auch annähernd festlegen. Die Ungenauigkeiten liegen daran, daß bei den Meißelbohrungen kleinere Horizonte nicht erkannt werden können, Ia (zu geringe Mächtigkeit), Ib (zu große Mächtigkeit) gleichen sich aus, die anderen Horizonte lassen sich nicht genau angeben.

Zu diesen alten Bohrungen kommen zwei Brunnenbohrungen in der Ziegelrodaer Forst, denen die LOTZEsche Gliederung zugrunde liegt.

Der Brunnen 2 der Gemeinde Ziegelroda (T 2, Anl. 1, 39), bei 293,20 m NN angesetzt, durchteuft nach 4 m Diluvium den Mittleren Buntsandstein bis zu einer Tiefe von 120,57 m, ohne die Untergrenze zu erreichen. Die angetroffenen Horizonte entsprechen IIb bis IVa der neuen Einteilung.

Brunnen V im Wangener Grund (T 1, Anl. 1, 38) (250 m NN) enthält bis 139 m Teufe Mittleren Buntsandstein (Ia bis IIIa) und bis 141,80 m Teufe Unteren Buntsandstein.

Die Beurteilung dieser alten Bohrungen und der Brunnen des Westflügels der Querfurter Mulde war erforderlich, um nun die neuen Wasserbohrungen in die richtigen Horizonte einzugliedern. Bei diesen tritt nämlich oft die Schwierigkeit auf, daß die Bohrungen nur im Mittleren Buntsandstein stehen oder auch nur summarische und ungenaue Angaben enthalten (s. auch [41]).

Nördlich der Hochklippe von Elise II wurde bereits 1927 ein Tiefbrunnen F (T 11, Anl. 1, 16) niedergebracht. Er durchteuft nach 7,7 m Diluvium bis 134,25 m = 126,55 m Mittleren Buntsandstein.

1934/35 folgte in der Nähe das Bohrloch G (T 12, Anl. 1, 17) mit 7,90 m Diluvium und bis 102 m Teufe = 94,10 m Mittleren Buntsandstein.

1939 wurde als Ersatz für Brunnen F, er wurde verkippt, Brunnen H (T 13, Anl. 1, 18) ebenfalls in der Nähe niedergebracht, mit 7,10 m Diluvium und 94,90 m Mittleren Buntsandstein bis 102 m Teufe.

1948/49 wurde schließlich zwischen Brunnen G und H Brunnen I (T 14, Anl. 1, 19) abgeteuft und traf bis 8,8 m Alluvium und Diluvium und bis 120 m = 111,20 m Buntsandstein an. Nach Angaben des Bohrarchivs der Geologischen Landesanstalt Zweigstelle Halle soll es Oberer Buntsandstein sein, was aber in Mittleren Buntsandstein umzuändern ist, da die anderen Bohrungen auch im Mittleren Buntsandstein liegen.

Alle vier Bohrungen sind bei etwa 135 m NN bis 136 m NN angesetzt und zeigen in ihrer Schichtenfolge nur Mittleren Buntsandstein ohne Grenze zum Oberen oder Unteren Buntsandstein. Die Bohrungen liegen zwischen dem Bohrloch Oberklobikau (Entfernung etwa 0,5 km) und der Grenze des Mittleren zum Oberen Buntsandstein (etwa 1 km). War die Grenze des Mittleren zum Unteren Buntsandstein im Bohrloch Oberklobikau bei – 96,30 m NN, so liegt sie bei Bohrloch F bei – 106 m NN (bei 10° 10′ Einfallen und 0,5 km Entfernung von Oberklobikau). Danach gehören die durchteuften Schichten des Bohrloches F den Horizonten IIb bis IVa an. Ferner sind die Bohrungen den Horizonten IIIa bis IVa (Bohrloch G und H) und IIb bis IVa (Bohrloch I) zuzurechnen.

Die Bohrungen Niederklobikau I (Schule) (T 9, Anl. 1, 30) und Niederklobikau II (Park) (T 8, Anl. 1, 31) wurden 1936/37 und 1937 bei 123 m bzw. 109 m Geländehöhe angesetzt und durchteuften 4,7 m bzw. 2,5 m Diluvium und 115,30 m bzw. 109,50 m Mittleren Buntsandstein. Die Eingliederung der beiden Bohrungen kann auf Grund des neuen Profils erfolgen, was auch der allgemeinen Situation (Einfallen 1° 10′) entspricht. Sie enthalten die Horizonte IIa bis IIIb. Besonders die Grenze IIIa zu IIIb bei Niederklobikau II bei 12 m Teufe und die Zugehörigkeit der untersten 10 m in den Bohrungen zu IIa treten deutlich hervor. Leider sind die übrigen Angaben nicht für die Horizontierung verwendbar, da sie summarisch sind.

Weissermel [118] beschreibt zwei Tiefbohrungen α und β und zwei Brunnenbohrungen a und b bei Lützkendorf aus dem 2. Jahrzehnt dieses Jahrhunderts. Das Bohrloch α ist in den Akten der Anhaltischen Kohlenwerke und der Werschen-Weißenfelser-Braunkohlen AG. als Brunnenbohrloch 788/17 festgestellt worden. Es ist später als Brunnenbohrloch Lützkendorf II (T 19, Anl. 1, 27) (nördlicher Brunnen im Werk) 1937 wieder aufgewältigt worden. Nach Picard [81] ist die Gliederung der Schichtenfolge etwas anders als die, die Weissermel bringt. Die Bohrung (110,50 NN) enthält 13,30 m Diluvium, 30,20 m Tertiär, 20 m Unteren Muschelkalk, 129 m Oberen Buntsandstein und 158,50 m Mittleren Buntsandstein bis zu 351 m Teufe, letzterer leider nicht untergliedert; so kann man nur nach dem Schema sagen, daß die Bohrung bis in den Horizont IIb hinunterreichen muß.

Dasselbe ist zum Bohrloch Lützkendorf I (1936/37) (T 18, Anl. 1, 26) zu sagen, das bei 113 m NN angesetzt 11 m Diluvium, 9 m Tertiär, 30,50 m Unteren Muschelkalk, 133,20 m Oberen Buntsandstein und 166,30 m Mittleren Buntsandstein [81] bis 350 m durchteuft.

Im Tagebau Cecilie wurde (1936/37) bei 64,20 m NN ein – von J. Weigelt vorgeschlagen – 190 m tiefes Bohrloch (T 20, Anl. 1, 15) bis – 125,80 m NN niedergebracht, das nach Picard [81] 16,80 m Tertiär, 133,20 m Oberen Buntsandstein und 40 m Mittleren Buntsandstein durchteuft (s. auch [8]). Es reicht etwa bis IVb hinunter.

In der Nähe wurde bei 60,22 m NN im Tagebau Leonhardt (1937) ein weiteres Tiefbohrloch (T 21, Anl. 1, 25) in den Mittleren Buntsandstein gestoßen, das 34,90 m Tertiär, 145,10 m Oberen Buntsandstein und 130 m Mittleren Buntsandstein bis 310,70 m = – 250,48 m NN enthält. Es entspricht etwa den Horizonten von IIIa bis Vb.

Als Ersatz für letzteres, das durch den Kippenbetrieb verlorengegangen ist, wurde 1948/49 das Brunnenbohrloch I Nr. 981 (T 22, Anl. 1, 29) nördlich der Brikettfabrik Neumark an der Lauchstädter Straße bei 133,40 m NN abgeteuft. Es brachte – nahe am Rötausstrich – 17 m Diluvium und weiter bis 100,20 m Teufe 82,80 m Mittleren Buntsandstein. Es enthält wohl die Horizonte IIIb bis Vb.

Im Jahre 1938/39 wurden von der Gewerkschaft Michel-Vesta ostwärts Großkayna zwei Brunnen I und II (T 30, 31, Anl. 1, 23, 24) bei 117,50 m NN und bei 121,25 m NN niedergebracht. Sie durchteuften bis 4,10 m bzw. 3,70 m Diluvium und bis 125 m = 120,90 m bzw. bis 193,70 m = 190 m Mittleren Buntsandstein. Ihre Schichten gehören den Horizonten IIIa bis Va bzw. IIa bis Vb an.

Grube Beuna ließ 1935 in ihrem Tagebau bei 73,86 m NN einen Brunnen (T 24, Anl. 1, 9) bis 93,70 m = – 19,84 m NN abteufen, der (von W. Röpke bearbeitet) 70 m Tertiär, 12 m Oberen Buntsandstein und 11,70 m Mittleren Buntsandstein erbrachte (s. auch [114]). Er entspricht den Horizonten Va und Vb.

1937/38 wurde im Gebiet der Brikettfabrik Beuna der Tiefbrunnen II (T 25, Anl. 1, 10) bei 106,43 m NN mit 9 m Diluvium, 14,50 m Tertiär, 36,50 m Oberem Buntsandstein und 42,30 m Mittlerem Buntsandstein bis 102,30 m Teufe = + 4,13 m NN niedergebracht. Der Mittlere Buntsandstein enthält die Horizonte IVa bis Vb.

Brunnen Beuna III (T 26, Anl. 1, 11) wurde 1947/48 bei ungefähr 106 m NN etwa 80 m westlich vom Bohrloch II angelegt und erreichte bei 113,25 m Teufe 9,30 m Diluvium, 15,70 m Tertiär, 31 m Oberen Buntsandstein und 57,25 m Mittleren Buntsandstein, d. h. die Horizonte bis IIIb hinab.

Schließlich wurde 1949/50 ein viertes Brunnenbohrloch Beuna IV (T 27, Anl. 1, 12) im Werksgelände zwischen den Eisenbahngleisen bei 105,92 m NN 104,95 m tief bis + 0,97 m NN abgeteuft. Es bringt 9,50 m Diluvium und Tertiär, 27,80 m Oberen Buntsandstein und 67,65 m Mittleren Buntsandstein bis 104,95 m Teufe, die Horizonte IIIb bis Va enthaltend. Die Schichten des Horizontes Vb sind wohl hier, wie auch bei den anderen Schichtenfolgen, zum Oberen Buntsandstein gerechnet worden.

Weiterhin ließ das Werk Beuna in den Jahren 1949/50 ein Untersuchungsbohrloch (43/49) (T 28, Anl. 1, 13) und eine Brunnenvertiefung (62/50) (T 29, Anl. 1, 14) in der Siedlung Beuna ausführen; sie liegen unmittelbar aneinander bei 105,10 m NN und erbrachten 14,30 m Diluvium und Tertiär und darunter bis 51 m Teufe Mittleren Buntsandstein. Die Eingliederung in die einzelnen Horizonte ist hier nicht leicht, da nur 30 bis 40 m Mittlerer Buntsandstein durchteuft sind. In Verbindung mit der allgemeinen Situation – schmaler Mittlerer Buntsandstein-Ausstrich zwischen dem Unteren Buntsandstein des Rotthügels und dem Oberen Buntsandstein bei Frankleben, dadurch Einfallen der Schichten etwa 8° – kann man mit Hilfe des Profils die beiden Bohrungen so eingliedern, daß das Untersuchungsbohrloch 43/49 etwa dem IIIa und dem unteren Teil des IIIb Horizontes und Brunnenbohrloch 62/50 dem oberen Teil von IIb und IIIa angehören.

Für das Kreiswasserwerk Milzau wurde in den Jahren 1947/48 ein neuer Tiefbrunnen (T 7, Anl. 1, 28) in der Nähe des Bahnhofs bei 97,50 m NN in den Buntsandstein niedergebracht, der nach einer Gliederung der Geologischen Landesanstalt Zweigstelle Halle (nach Proben) 1,60 m Diluvium, 17,90 m Tertiär und bis 106,10 m Teufe = 86,60 m Mittleren Buntsandstein enthält. In der Gliederung wird die Vermutung ausgesprochen, daß die Schichten bis 56 m Teufe den Unteren Zwischenschichten [120] und die tieferen den Unteren Sandsteinen angehören könnten. Dann müßten aber die Schichten von etwa 74 m Teufe an dem Unteren Buntsandstein zuzurechnen sein. Dieses wäre nach dem Einfallen der Schichten in diesem Gebiet von 1° 10′ und 80 m Mittlere Buntsandstein-Mächtigkeit auf dem Teutschenthaler-Sattel durchaus möglich. Jedoch ist die Ausbildung der Unteren Zwischenschichten (nach neuer Einteilung Ib) nicht den Bohrproben entsprechend. Danach gehören diese Schichten bis 56 m Teufe vielmehr dem Horizont IIb und die tieferen den Horizonten IIa bis Ib an. Demzufolge ist die Grenze des Mittleren zum Unteren Buntsandstein etwa 70 m tiefer bei etwa – 55 m NN anzusetzen, das bei sonst gleichen Verhältnissen auf dem Teutschenthaler Sattel einem Einfallen von etwa 10° entspricht, d. h. einer lokalen stärkeren Einmuldung im Tertiärgebiet um Netzschkau.

Schließlich soll noch das Bohrloch Stöbnitz (etwa 122 m NN) (T 17, Anl. 1, 37) besprochen werden. Bereits 1941 bis 163 m ausgeführt, ist es später bis 308,55 m abgeteuft worden. Es enthält 1,10 m Alluvium, 5,25 m Diluvium, 34,25 m Tertiär und dann Oberen und Mittleren Buntsandstein. Da von 241 bis 246 m „Ton mit Dolomitplatten" im Bohrjournal angegeben ist, wurde von der Braunkohlenverwaltung Merseburg die Grenze des Oberen zum Mittleren Buntsandstein bei 247 m Teufe angegeben. Diese Grenze ist aber bei etwa 220 m anzusetzen, so daß der Röt eine Mächtigkeit von 179,45 m aufweist und die unterlagernden Mittleren Buntsandstein-Schichten den Horizonten Vb bis IIIb angehören. Dieses entspricht auch den anderen Bohrungen und der allgemeinen Situation.

Zusammenfassend kann zur Gliederung des Mittleren Buntsandsteins folgendes gesagt werden Die Fünf-Zyklengliederung des Mittleren Buntsandsteins läßt sich auf die alten und neuen Bohrungen anwenden. Zu berücksichtigen ist dabei der Einfallswinkel der Schichten. Dieser ist generell etwa 2° (Teutschenthal-Göhrendorf). Im Gebiet der Schwarzeiche verflacht sich der Winkel auf 1° 10′, wobei 80 m der liegenden Buntsandstein-Schichten auf dem Teutschenthaler Sattel erhalten geblieben sind. Nur im Gebiet der Tertiärmulden versteilt sich das Einfallen auf 5° bis annähernd 10°.

e) Die Wasserführung des Mittleren Buntsandsteins

Gäbert [11] weist auf den wichtigen Wasserträger, den Mittleren Buntsandstein, hin, in dem infolge der porösen und teilweise klüftigen Beschaffenheit der Buntsandsteinbänke in Verbindung mit der muldenförmigen Lagerung namhafte, dazu gespannte Wassermengen zu erwarten seien; dabei wäre nicht jede Stelle gleich gut für die Wassererschließung geeignet. Er mißt dem Mittleren Buntsandstein große Beachtung bei der Lösung zukünftiger Wasserversorgungsfragen im engeren Mitteldeutschen Industriebezirk bei.

Für die Mittlere Buntsandstein-Mulde, deren Ausstrichzonen in der Umrandung der Querfurt-Freyburger-Mulde an 700 km² Fläche einnehmen, auf die 350 Mill. m³ Niederschläge fallen, soll theoretisch ein Wasserüberschußquantum von mehreren 10 Mill. m³ zu veranschlagen sein [13].

Der Evaschacht [11] – etwa 1 km nordöstlich Steuden, nördlich Schafstädt – soll bei 156 m Teufe, d. h. unter Diluvium, Tertiär und Röt etwa 120 m Mittleren Buntsandstein (bis Horizont IIIa etwa) enthaltend, trotz Schachtauskleidung mit eisernen Tübbings und dadurch Absperrung der höheren Grundwasserstockwerke, von der Sohle her 7 m³/min Wasserzufluß gehabt haben. Zur Zeit beträgt im Rahmen der Wasserversorgung des umliegenden Gebietes seine Ergiebigkeit ungefähr 0,16 m³/min bzw. 325 m³/Tag bei 3,79° DH Gesamthärte (nach Angaben der Hauptabteilung Wasserwirtschaft des Ministeriums für Land- und Forstwirtschaft).

Aus einem 110 m tiefen Brunnen nördlich der Stadt Schafstädt (im Gebiet der Zuckerfabrik) werden täglich etwa 250 m³ gefördert. Die Wässer sind jedoch sehr hart (66,6° DH), da der Röt nicht abgeschlossen ist. Aus diesem Grunde soll dieser Brunnen hier nicht näher erörtert werden.

Die eisenhaltige Heilquelle Bad Lauchstädt [81] fördert seit dem Jahre 1710 aus einer Tiefe von 28 m (annähernd Horizont IIIa) etwa 2,5 m³/min.

Picard gibt weiter als Wasserförderung der Bohrungen in der Nähe des Geiseltales auf dem Meßtischblatt Schraplau (nördlich an Blatt Schafstädt anschließend) zwei Bohrlöcher „Teutschenthal" mit einer Ergiebigkeit von 0,750 m³/min bzw. 0,767 m³/min aus einer Tiefe von 76,50 m bzw. 74,40 m unter der Grenze Röt zum Mittleren Buntsandstein (etwa IIIb) und Bohrloch „Eisdorf 2" mit 0,767 m³/min bei 33,80 m unter der genannten Grenze (etwa IVb) an. Ferner haben nach Picards Angaben der Schacht „Oberröblingen 1912" eine Ergiebigkeit von 3,5 m³/min aus 35,70 m unter der oben angegebenen Grenze (IVa) und schließlich Bohrloch Laucha (auf Blatt Freyburg an der Unstrut) 0,4 m³/min aus 22 m unter der beschriebenen Grenze (Va) aufzuweisen.

Nach PICARDS Ausführungen entsprechen Mengen von etwa 0,750 m³/min bis 1 m³/min der durchschnittlichen Wasserergiebigkeit und entstammen Schicht- und Kluftwassern. Abnorme Ergiebigkeiten sollen auf Vereinigung von Schicht- und Kluftwasser mit Wasser aus Störungsspalten zurückzuführen sein.

Nähere Angaben über die Wasserführung des Mittleren Buntsandsteins im Geiseltalgebiet können erst seit rund 15 Jahren gemacht werden, seitdem die oben beschriebenen Tiefbrunnen gestoßen worden sind.

Bereits seit 1927 fördert der Tiefbrunnen F (T 11, Elise II) Buntsandsteinwasser aus den Horizonten bis IIb. Während der ursprüngliche unabgesenkte Wasserspiegel bei 21,98 m unter Gelände = 114,60 m NN im Horizont IVa lag, sank dieser in den folgenden trockenen Jahren bis etwa 110,60 m NN ab. Dagegen fiel der abgesenkte Wasserspiegel am 21. 5. 1931 auf 94,20 m NN (IIIb) (von 112,17 m NN Wasserspiegel in Ruhe) bei einer durchschnittlichen Förderung von 395 m³/Tag (d. s. bei 8stündiger Förderung gleich 0,823 m³/min). Dieses entspricht einer spezifischen Ergiebigkeit (d. i. Förderung/Absenkung) von 0,046 m³/min.

Erst vom Jahre 1940 an sind zusammenhängende Aufzeichnungen vorhanden, jedoch sind die Förderzahlen summarisch mit den Brunnen G und H, so daß diese Angaben nur mit Vorbehalt herangezogen werden können. Danach hat Brunnen F eine durchschnittliche Absenkung bis 95,51 m NN (nach 21 Monatsmitteln der Jahre 1940/42 bis zu seiner Außerbetriebsetzung) und eine Wasserförderung von annähernd $^1/_3$ oder $^1/_2$ – je nachdem ob 2 oder 3 Brunnen in Betrieb waren – der Gesamtwasserförderung mit durchschnittlich 0,577 m³/min = 0,030 m³/min spezifische Ergiebigkeit.

PICARD [81] gibt für jeden der 3 Brunnen F, G, H eine Förderung von 60 m³/h = 1 m³/min an.

Brunnen G (T 12) weist einen Wasserspiegel vor Inbetriebnahme von 18,50 m unter Gelände = 117,10 m NN (IVa), einen durchschnittlich abgesenkten Wasserspiegel von 92,24 m NN (IIIb) (Mittel aus 60 Monatsmitteln) und eine durchschnittliche Förderung von etwa 0,648 m³/min (bei 8stündiger Förderung) auf. Das entspricht einer spezifischen Ergiebigkeit von 0,026 m³/min.

Die entsprechenden Angaben für Brunnen H (T 13) sind Wasserspiegel vor Inbetriebnahme 20,38 m unter Gelände = 115,50 m NN (IVa), abgesenkt 92,43 m NN (73 Monatsmittel) (IIIb) und Förderung 0,627 m³/min (bei Förderung aus G und H) bzw. 1,228 m³/min (bei alleiniger Förderung des Brunnens H), das wäre eine spezifische Ergiebigkeit von 0,034 m³/min bzw. 0,053 m³/min.

Brunnen I (T 14) ist erst seit Ende 1950 in Betrieb, so daß noch keine Angaben vorliegen.

Die genannten Brunnen F, G, H, I gehören zum Wasserwerk Elise II (jetzt Mücheln II). Seine derzeitige tägliche durchschnittliche Wasserabgabe wird mit 525 m³ und die Jahresförderung mit 200000 m³ angegeben. Das Wasser hat 14° DH. Der seinerzeit gestellte Wasserverleihungsantrag zur Entnahme von 1 m³/min aus dem Mittleren Buntsandstein war in voller Höhe genehmigt worden.

Der Brunnen Niederklobikau I (Schule) (T 9) (Wasserspiegel vor Inbetriebnahme 9 m unter Gelände = 114 m NN im Horizont IIIb) hat eine durchschnittliche Absenkung auf 83,86 m NN (37 Monatsmittel) (Horizont IIIa) bei einer durchschnittlichen Wasserentnahme von 0,617 m³/min (46 Monatsmittel) aufzuweisen. Dieses wäre eine spezifische Ergiebigkeit von 0,021 m³/min.

Ein Pumpversuch ergab bei 1 m³/min Förderung – diesen Wert gibt auch PICARD an – eine Absenkung auf 71,50 m NN gleich einer spezifischen Ergiebigkeit von 0,024 m³/min.

Im Brunnen Niederklobikau II (Park) (T 8), dessen Ruhewasserspiegel vor Inbetriebnahme bei 109 m NN überlief, später bei 104 bis 105 m NN lag, wurde bei einer durchschnittlichen

Wasserentnahme von 0,756 m^3/min (46 Monatsmittel) der Wasserspiegel auf 80,72 m NN (33 Monatsmittel) (Horizont IIIa) abgesenkt; das ist eine spezifische Ergiebigkeit von 0,027 m^3/min, während ein Pumpversuch bei 1,5 m^3/min - s. auch PICARD - eine Absenkung auf nur 85,36 m NN und damit eine spezifische Ergiebigkeit von 0,064 m^3/min erbrachte. Im September 1950 betrug bei alleiniger Förderung aus dem Brunnen Niederklobikau II die spezifische Ergiebigkeit 0,023 m^3/min bei einer Absenkung auf 73,20 m NN und einer Wasserentnahme von 50 m^3/h (geschätzt) = 0,833 m^3/min. Die tägliche Entnahme belief sich bei 24stündiger Förderung auf 1200 m^3.

Eine Untersuchung der gemischten Wässer aus Brunnen I und II ergab 19,3° DH Gesamthärte, davon 6,3° DH Nichtkarbonathärte. Befürwortet waren auf Grund des Wasserverleihungsantrages für Brunnen I 0,5 m^3/min, für Brunnen II 1 m^3/min, das sind zusammen 1,5 m^3/min.

Der südliche Brunnen I im Werk Lützkendorf (T 18) hatte in der ersten Zeit einen Ruhewasserspiegel von 2,5 m unter Gelände = 110,50 m NN und einen späteren von 97,30 m NN. Er wies von 1940 bis 1944 bei einer 24stündigen Förderung von durchschnittlich 0,469 m^3/min (47 Monatsmittel) eine durchschnittliche Absenkung bis - 3,63 m NN auf, woraus sich eine spezifische Ergiebigkeit von 0,004 m^3/min ergibt. Der Wasserspiegel im Brunnen liegt in beiden Fällen über dem Mittleren Buntsandstein, was – wie auch bei den folgenden Brunnen – durch die Tertiärmulde bedingt ist.

Ein Pumpversuch brachte bei 0,5 m^3/min (s. auch bei PICARD) Förderung eine Absenkung auf durchschnittlich – 9,95 m NN gleich eine spezifische Ergiebigkeit von 0,004 m^3/min.

Im Brunnen Lützkendorf II (T 19) lief das Wasser in Ruhe früher über, jetzt liegt der Wasserspiegel bei 5,90 m unter Gelände = 104,60 m NN. Bei durchschnittlicher Wasserentnahme von 0,544 m^3/min (38 Monatsmittel) erfolgte eine Absenkung auf 24,24 m NN (24 Monatsmittel), was einer spezifischen Ergiebigkeit von 0,006 m^3/min entspricht. PICARD gibt als Ergiebigkeit 40 bis 50 m^3/h an, das sind rund 0,7 m^3/min.

1950 waren beide Brunnen außer Betrieb. Für jeden waren 0,5 m^3/min Wasserentnahme zugebilligt worden, während im Verleihungsantrag zusammen 8 m^3/min für Lützkendorf I und II und Niederklobikau I und II beantragt waren (Bewilligung für die genannten Brunnen zusammen 2,5 m^3/min).

Beiläufig sei erwähnt, daß die Wasserversorgung des Werkes Lützkendorf jetzt vom Wasserwerk Uichteritz (aus der Saaleaue oberhalb Weißenfels) erfolgt und z. Z. 17643 m^3/ täglich = 12,253 m^3/min beträgt (bei niedrigen Wasserständen in den Brunnen wird Wasser direkt aus der Saale entnommen). Durch Neuanlage von Brunnen im dortigen Gebiet soll die Entnahme auf 24000 m^3/täglich = 16,667 m^3/min gesteigert werden.

Der Brunnen im Tagebau Cecilie (T 20) lief bei seiner ursprünglichen Ansatzhöhe von 64,20 m NN und auch nach Auffüllung bis 72,20 m NN über. Sein abgesenkter Wasserspiegel lag bei 15,82 m NN (23 Monatsmittel) – bezogen auf die zuletzt genannte Geländehöhe – bei einer Wasserentnahme von 0,662 m^3/min (44 Monatsmittel); dieses entspricht einer spezifischen Ergiebigkeit von 0,012 m/min.

Ein Pumpversuch vom 17. bis 18. 4. 1937 ergab bei durchschnittlich 0,565 m^3/min Förderung und Absenkung auf durchschnittlich + 5,35 m NN eine spezifische Ergiebigkeit von 0,009 m^3/min, ein weiterer am folgenden Tage von 20 Stunden Dauer bei durchschnittlich 0,573 m^3/min und durchschnittlicher Absenkung auf + 5,82 m NN die gleiche spezifische Ergiebigkeit.

1 m^3/min war in der Verleihung für den Brunnen Cecilie zugesprochen worden, wie auch PICARD angegeben hat. Diese Menge ist wohl in der Zeit von 1938 bis 1940 gehoben worden bei einer Absenkung auf 11,20 m NN und einer spezifischen Ergiebigkeit von 0,016 m^3/min. Die Wasser sollen sehr hart gewesen sein – vermutlich durch ungenügenden Rötabschluß. Durch Kriegseinwirkung ist der Brunnen verlorengegangen.

Auch der Brunnen im Tagebau Leonhardt (T 21, bei 60,22 m NN angesetzt) lieferte Überlaufwasser, und zwar anfänglich 0,714 m^3/min und nach Abdichtung der „Hangendwasser", das sind Rötwasser, seit 15. 4. 1937 nur 0,4 m^3/min, die bis 10 m Höhe gestiegen sein sollen. Die Absenkung (ab Ansatzpunkt bei 60,22 m NN) erfolgte bis 31,49 m NN (36 Monatsmittel) bei 0,652 m^3/min Förderung gleich einer spezifischen Ergiebigkeit von 0,023 m^3/min.

Eine Analyse des Wassers während des Abteufens 1937 aus 138,50 m Teufe = – 78,50 m NN im Röt ergab 108,2° DH Gesamthärte, davon 100,9° DH Nichtkarbonathärte, während nach der Abdichtung des Röts die Gesamthärte 21,3° DH und die Nichtkarbonathärte nur 4,5° DH ausmachten.

Die befürwortete Wasserhebung betrug 0,720 m^3/min, während Picard als Ergiebigkeit 36 m^3/h = 0,6 m^3/min angibt. Die Wasserförderung sank bis auf 0,350 m^3/min im Jahr 1948. Dann mußte der Brunnen infolge des Kippenfortschritts aufgegeben werden.

Der neu angelegte Brunnen Neumark I (981, T 22) nördlich der Fabrik hat einen Ruhewasserspiegel von 29 m unter Gelände = 104,40 m NN (Horizont Va). Seit Oktober 1949 in Betrieb liefert er nur 0,3 m^3/min bis 0,4 m^3/min, wobei die Absenkung oft so stark ist, daß er versiegt. Erst nach einige Tagen Ruhe hebt sich der Wasserspiegel. Bei einer Berechnung der spezifischen Ergiebigkeit bezogen auf die Absenkung bis zur Brunnensohle käme man auf 0,005 m^3/min.

Der Ruhewasserspiegel vom Brunnen Großkayna I (T 30) lag bei 14,60 m unter Gelände = 102,90 m NN (Horizont Va). Ein Pumpversuch erbrachte bei 38stündiger Förderung von 0,63 m^3/min eine Absenkung auf 95,70 m NN (Horizont IVa) und damit eine spezifische Ergiebigkeit von 0,088 m^3/min, ein weiterer in der gleichen Förderzeit jedoch bei 0,81 m^3/min eine Absenkung auf 93,50 m NN und eine spezifische Ergiebigkeit von 0,086 m^3/min. Etwa 0,5 m^3/min werden wohl gehoben, jedoch sind trotz größter Bemühungen leider – außer den Pumpversuchen – keine genaueren Angaben über beide Brunnen zu erhalten gewesen. Die Wasserhärte liegt bei etwa 10° bis 12° DH Gesamthärte.

Der Brunnen Großkayna II (T 31) mit einem Ruhewasserspiegel von 18,35 m unter Gelände = 102,90 m NN (Horizont Va) wies bei einem Pumpversuch bei 48stündiger Förderung von 1,2 m^3/min eine Absenkung auf 89,75 m NN (Horizont IVb) und damit eine spezifische Ergiebigkeit von 0,091 m^3/min auf.

Ein zweiter Pumpversuch ergab bei 24stündiger Förderung von 1,8 m^3/min eine Absenkung auf 86,75 m NN gleich eine spezifische Ergiebigkeit von 0,112 m^3/min. Die Wasserhärte betrug ebenfalls 10° bis 12° DH Gesamthärte. Die Förderung lag bei 0,7 bis 0,8 m^3/min, jedoch mußte der Brunnen bald stillgelegt werden, da er versalzte (bis 4 kg/m^3). Man hofft jetzt nach Verfüllung bis auf 120 m Teufe, die Förderung wieder aufnehmen zu können. Die Versalzung ist wohl auf Aufstieg von Salzwässern auf Spalten in Verbindung mit dem Kayna-Rippach-Sattel bzw. dem Kayna-Goddulaer-Sattel [8, 114], in deren Streichen die Bohrung liegt, zurückzuführen.

Der im Tagebau bei 73,86 m NN angesetzte Brunnen Beuna I (T 24) lieferte anfangs einen Überlauf von 11 m^3/h = 0,183 m^3/min bis 0,200 m^3/min [114]. Bei durchschnittlicher Wasserentnahme von 0,303 m^3/min (29 Monatsmittel) lag die durchschnittliche Absenkung bei 34,26 m NN (27 Monatsmittel). Das entspricht einer spezifischen Ergiebigkeit von 0,008 m^3/min.

Ein Pumpversuch erbrachte bei 0,603 m^3/min Förderung eine Absenkung auf 21,86 m NN und damit eine spezifische Ergiebigkeit von 0,012 m^3/min, während die Förderung im August 1939 bei rund 0,5 m^3/min eine Absenkung auf 27,86 m NN gleich eine spezifische Ergiebigkeit von 0,011 m^3/min ergab.

Eine Notiz vom 19. 12. 1940 aus den Akten des Werkes Großkayna besagt, daß bei voller Belastung mit einer 1 m^3-Pumpe der Wasserspiegel in 3 Minuten von 26,36 m NN auf

14,86 m NN absank, während bei Drosselung auf 0,383 m³/min der Wasserspiegel konstant bei 16,26 m NN blieb, dieses also die maximale Leistung war, während PICARD als Ergiebigkeit 38 m³/h = 0,633 m³/min angibt.

Bis etwa Juli 1945 in Förderung versandete er dann durch Zusammenbruch der Filterwände. Nach Wiederaufwältigung förderte er von Juli bis November 1946 wieder und ging abermals zu Bruche. Sein Überlaufwasser von 0,060 m³/min bei einer Geländehöhe von ungefähr 80 m NN wird jetzt mit den Tagebauwässern zusammen gehoben.

Brunnen Beuna II (T 25) mit einem Wasserspiegel vor Inbetriebnahme von 8 m unter Gelände = 98,43 m NN wies bei einer durchschnittlichen Wasserentnahme von 0,587 m³/min (61 Monatsmittel) durchschnittlich eine Absenkung auf 59,53 m NN und damit eine spezifische Ergiebigkeit von 0,015 m³/min auf.

Ein Pumpversuch ergab jedoch bei 0,8 m³/min Wasserhebung eine Absenkung auf 62,93 m NN gleich eine spezifische Ergiebigkeit von 0,023 m³/min. PICARD gibt für Brunnen II eine Ergiebigkeit von 48 m³/h = 0,8 m³/min an. Die Wasserverleihung für beide Brunnen war auf 1,1 m³/min ausgesprochen. Auch dieser Brunnen II ist zusammengebrochen und versandet etwa im November 1945; wieder aufgewältigt ist er von Ende 1946 bis Anfang 1947 in Förderung gewesen und erneut zusammengebrochen.

Ein neu angelegter Tiefbrunnen III (T 26) brachte nur 2 Monate eine größere Förderung. Nach einer Angabe der Tagebauverwaltung Beuna soll der Wasserspiegel in Ruhe bei 8,68 m unter Gelände = etwa 97,32 m NN und der abgesenkte Wasserspiegel bei annähernd 83 m NN gelegen haben bei einer Förderung von 28,2 m³/h = 0,47 m³/min. Dieses würde einer spezifischen Ergiebigkeit von 0,033 m³/min entsprechen. Die spätere Förderung soll bei 0,2 m³/min gelegen haben und noch heute liegen.

Der Brunnen Beuna IV/49 (T 27) ist noch nicht in Förderung, da ein Einbruch in der Filterwand den Brunnen zum Versanden brachte. Eine Wasseranalyse aus 35 m Teufe (Röt) ergab 56° DH Gesamthärte, davon 43,2° DH Nichtkarbonathärte.

Das Wasseruntersuchungsbohrloch 43/49 (T 28) in der Siedlung Beuna weist einen Wasserspiegel von 7,50 m unter Gelände gleich 97,60 m NN auf, ist jedoch nicht in Betrieb.

Der unabgesenkte Wasserspiegel des Brunnens 62/50 (T 29) liegt bei 7,80 m unter Gelände gleich 97,33 m NN und hat nur eine Förderung von etwa 0,1 m³/min, da die Pumpe zu hoch hängt, der Wasserspiegel aber stark abgesenkt wird.

Der Wasserversorgung von Bad Lauchstädt dienen zwei Brunnen des Kreiswasserwerkes Milzau, von denen der neuere (T 7) hier beschrieben ist. Sein Ruhewasserspiegel liegt bei 4 m unter Gelände gleich 93,50 m NN, der abgesenkte Wasserspiegel im Normalbetrieb bei 81,50 m NN. Da die tägliche Wasserabgabe durchschnittlich 800 m³ aus beiden Brunnen beträgt, der alte Brunnen aber nur noch zu 30% betriebsfähig ist, liefert der neue Brunnen 70%, d. h. etwa 0,4 m³/min, was einer spezifischen Ergiebigkeit von 0,033 m³/min entspricht.

Zusammenfassend kann über die Wasserführung des Mittleren Buntsandsteins in den Tiefbrunnen folgendes gesagt werden (Anl. 40 und 41 [als Beilage am Schluß der Arbeit] und Anl. 42). Das Schichtwasser sammelt sich vornehmlich in den sandsteinreichen Horizonten (mit a bezeichnet). Die Absenkung bei der Wasserentnahme erfolgt zumeist bis zum folgenden tonreichen Horizont (mit b bezeichnet). Der unabgesenkte Wasserspiegel liegt entsprechend der Brunnenlage zur Geländeoberfläche von 0 m bis ungefähr 20 m unter der Geländeoberfläche (mit Ausnahme der Bergbaugebietes), auf NN bezogen im oberen Geiseltal bei 118 m und im unteren Geiseltal bei 93 m.

Die Wasserförderung liegt bei den Durchschnittswerten bis 0,8 m³/min und übersteigt bei der maximalen Hebung nicht 1,5 m³/min (mit Ausnahme des Brunnens Großkayna II bis 1,8 m³/min, dessen größere Förderung wohl auf Wasser aus Störungsspalten beruht).

Dagegen schwankt die Absenkung zwischen 7,2 m und 114,13 m und damit der abgesenkte Wasserspiegel zwischen 95,70 m NN und − 3,63 m NN.

Zur Beurteilung der Ergiebigkeit von Brunnen müßte auch die Beschaffenheit der wasserführenden Schichten, d. h. zum Beispiel die Porenweite herangezogen werden. Weder Angaben über derartige Werte noch Material zur Untersuchung aus diesen Bohrungen steht zur Verfügung. Eine Angabe macht HOPPE [28] über den Mittleren Buntsandstein bei Nebra (Unstrut) – d. h. also aus der weiteren Umgebung des zu untersuchenden Gebietes:

Porenvolumen 24,84 bis 26,42%,
Wasseraufnahme in Prozent des Trockengewichtes 8,24 bis 9,41,
Sättigungskoeffizient 0,65 bis 0,68.

Einen weiteren Hinweis gibt GABERT [11] über die Sandsteinregion zwischen 58 m und 182 m Teufe des Bohrloches Schotterey, in der die Wasserspülung beim Bohren verschwand, was auf einen ergiebigen Wasserhorizont hinweist.

PICARD [81] führt die verschiedene Ergiebigkeit der Buntsandsteinbrunnen im Geiseltal auf wechselnde Korngröße der Sandsteinbänke und damit der Porenweite zurück, ohne nähere Angaben darüber zu machen.

Um aber einen annähernden Vergleich der Brunnen durchführen zu können, ist die spezifische Ergiebigkeit (Förderung/Absenkung) herangezogen worden, obwohl sie nicht alle notwendigen Faktoren enthält. Auch bei Hinzunahme der Porenweite würde das Kluft- und Spaltenwasser nicht berücksichtigt werden, auf das außer der muldenförmigen Lagerung wohl hauptsächlich die Unterschiede der Ergiebigkeit zurückzuführen sind.

Die Anlage 40 bringt die Schichtenfolge der Brunnen mit Ruhewasserspiegeln und Mittelwerten der abgesenkten Wasserspiegel bezogen auf NN und Anlage 41 die Bohrprofile bezogen auf die Grenze des Mittleren zum Oberen Buntsandstein mit eingetragenen Horizonten des Mittleren Buntsandsteins und Wasserspiegelangaben.

Auf der Anlage 42 sind die wichtigsten Werte der Tiefbrunnen (annähernd nach geographischer Lage geordnet) zusammengestellt worden. Ferner sind auf dieser Anlage (42) zum gegenseitigen Vergleich die Buntsandsteinbrunnen in ihrer Reihenfolge bezogen auf den tiefsten erbohrten Horizont, ihre Brunnensohle über NN, die Horizonte, in denen der unabgesenkte und abgesenkte Wasserspiegel liegen, ihre durchschnittliche Förderung und spezifische Ergiebigkeit und ihre maximale Förderung und spezifische Ergiebigkeit aufgetragen worden.

Der dritte Teil der Anlage 42 zeigt zur Auswertung des Vergleiches die Stellenzuordnung der untersuchten Buntsandsteinbrunnen in bezug auf die oben schon erwähnten Gesichtspunkte.

Beispielsweise steht der Brunnen Milzau (T 7) mit der laufenden Nummer 21 der Tabelle bei der Betrachtung des „tiefsten erbohrten Horizontes“ an erster Stelle, rückt jedoch bei „Brunnensohle über NN“ an neunte Stelle, da er mit – 8,60 m NN relativ hoch liegt, fällt auf die letzten Stellen bei „Horizonte, in denen der unabgesenkte und abgesenkte Wasserspiegel liegen“, bedingt durch die absolute Höhenlage der relativ tiefen Horizonte. Dieser Brunnen hat daher keine artesische Spannung, die bei den Brunnen in der Braunkohlenwanne vorhanden ist. Absolut gesehen ist die durchschnittliche Förderung des Brunnens Milzau mit etwa 0,4 m^3/min nicht groß, so daß er an 13. Stelle von 17 Brunnen steht. Jedoch rückt der Brunnen bei der durchschnittlichen Ergiebigkeit wieder auf die 2. Stelle, da trotz verhältnismäßig geringer Absenkung von 12 m (im Gegensatz von z. B. 114,13 m bei Brunnen Lützkendorf I) die Förderung relativ hoch ist.

Der Brunnen Großkayna II (T 31) hat also – wie oben schon erwähnt – infolge großer relativer und absoluter Tiefe und Spaltenwassers (mit Sole) große Ergiebigkeit gehabt.

Die Brunnen F, G, H von Elise II, Niederklobikau I und II und Milzau (T 11 bis 13, 9, 8, 7) wiesen bzw. weisen infolge ihrer relativen Tiefenlage (nach Horizonten gerechnet) trotz nicht allzu großer absoluter Brunnentiefen recht hohe spezifische Ergiebigkeiten auf, wozu bei Milzau vermutlich die Tertiärwasser einen Beitrag liefern werden. Der neue Brunnen Mücheln I (T 14) wird ähnliche Werte wie der ehemalige Brunnen F (Elise) (T 11) ergeben.

Die Brunnen in der Kohlenwanne des Geiseltales Lützkendorf I und II, Cecilie, Leonhardt und Beuna I (T 18 bis 21, 24) haben zwar durch ihre Lage Überdruck und damit hohe Ruhewasserspiegel aufzuweisen, können daher auch zum Teil mittlere bis größere Wassermengen heben, fallen in ihrer spezifischen Ergiebigkeit stark ab (wobei für die Brunnen in den Tagebauen die Werte noch zu hoch sind, da die Absenkung ab Überlauf zu gering angesetzt ist). Merkwürdig klein sind die Werte für Lützkendorf I und II (T 18, 19) trotz relativer und absoluter Tiefenlage der Brunnen. Eine Erklärung dafür wäre geringere Porosität der Sandsteine und Fehlen von Klüften und Störungsspalten. Auch Beuna I (T 24) weist sehr niedrige Werte auf, hat allerdings auch nur relativ kleine Tiefenlage.

Der neue Brunnen Stöbnitz (T 17) wird etwa Werte zwischen denen der Lützkendorfer Brunnen und des Brunnens Leonhardt ergeben; einerseits liegt er im Mittleren-Buntsandstein-Profil höher (III b), so daß er die Wasser aus dem IV a Horizont voll erschöpfen könnte, andererseits hat er über dem Mittleren Buntsandstein eine weitaus größere Rötmächtigkeit, so daß die Absenkung auch recht erheblich sein wird.

Die hohen Werte von Großkayna I (T 30) dürften wohl auf eine geringere Absenkung, die während des Pumpversuches auftrat, zurückzuführen sein. Bei seiner im Verhältnis zu anderen Brunnen mittleren Förderung von annähernd 0,5 m^3/min wird die spezifische Ergiebigkeit infolge größerer Absenkung im Dauerbetrieb zurückgegangen sein auf annähernd die Werte der Brunnen von Elise II (F, G, H) (T 11 bis 13). Ähnliche Förderung wird vermutlich auch der Brunnen Großkayna II (T 31) nach seiner Verfüllung auf 120 m Teufe aufweisen. Leider fehlen zur Kontrolle der beiden Brunnen von Großkayna genauere Angaben. Picard schreibt nur [80], daß ihre Ergiebigkeit nicht erbracht sei.

Der Brunnen Beuna II (T 25) lieferte recht günstige Durchschnittswerte. Aber leider ist er, wie auch Brunnen Beuna III (T 26), der wohl ähnlichen Erfolg erbracht hätte, zusammengestürzt. Hoffentlich wird Brunnen Beuna IV (T 27) bei gleichen Voraussetzungen diese Leistungen erzielen.

Die geringe Wasserförderung und Ergiebigkeit des Brunnens Neumark I (T 22) ist durch die geringmächtige Sandsteinausbildung und den nahen Abfall zur Kohlenwanne bedingt. Das Liegende der Kohle ist in diesem Gebiet lokal sehr tief bei $\pm$ 0 m NN.

Die beiden Brunnen in der Siedlung Beuna (T 28, 29) etwa 50 m voneinander entfernt, sind nach Horizonten tief, aber auf NN bezogen flach angesetzt. Infolge des starken Einfallens der Schichten zwischen dem Unteren Buntsandstein bei Merseburg und dem Oberen Buntsandstein des Beunaer Kessels ist die geringe Ergiebigkeit erklärlich.

Eine gegenseitige Beeinflussung sämtlicher aufgeführter Buntsandsteinbrunnen ist zwar möglich, wird aber wohl kaum eintreten, da das Wasser aus verschiedenen Horizonten entnommen wird und die gegenseitige Entfernung der Brunnen zumeist groß ist.

VI. Die Entwicklung des Grundwasserstandes im Geiseltal

a) Der Grundwasserstand vor Beginn des Tagebaubetriebes um 1900 und seine geo-hydrologischen Voraussetzungen

Aus dem sehr lückenhaften Material soll nun die Entwicklung des Grundwasserstandes von der ursprünglichen bis zur derzeitigen Lage dargestellt werden.

Schon vor 20 Jahren [69] wird auf den Mangel exakter und genügend ausführlicher Angaben über die Grundwasserverhältnisse vor Beginn der frühesten Tagebaue hingewiesen.

Aus der Zeit vor dem Bergbau bzw. im Anfang der Großbetriebe im Bereich der Braunkohlenwanne im Gebiet um Mücheln ist bekannt, daß der Grundwasserspiegel – wie oben schon erwähnt – auf Elisabeth (1906) beim Abteufen des Wasserhaltungsschachtes (am Rande des Tales bei 121,94 m NN Geländehöhe) bei 115,00 m NN erreicht wurde, also bei knapp 7 m unter Gelände [53]. Außerdem werden im gleichen Gutachten von den Brunnen der Zuckerfabrik Stöbnitz – vielleicht auf dem Markscheidepfeiler zwischen den Tagebauen Pauline und Elisabeth - vom Jahre 1913 die Wasserstände mit etwa 4 m unter Gelände gleich 115,89 m NN bzw. 116,05 m NN genannt.

Auf einen flach unter der Geländeoberfläche liegenden Wasserspiegel weist auch der auf dem geologischen Blatt Schafstädt in der Gegend von Mücheln, Stöbnitz und Möckerling angegebene anmoorige Riedboden hin; wie ja auch z. B. in der Ortschaft Möckerling die Brunnen nur rund 4 m tief gewesen und erst 1915 trockengelaufen sein sollen [72].

Bei den Verhandlungen zur Festsetzung der Anteilverhältnisse der Braunkohlengruben für die zentrale Wasserversorgung der durch den Bergbau geschädigten Gemeinden des mittleren und unteren Geiseltales standen schon 1914 und auch später 1931 kaum genaue Grundwasserstandsmessungen aus der Zeit vor dem Bergbau zur Verfügung.

So rechnete Grantz [20] mit einem Wasserspiegel an der Peripherie der südlichen unmittelbar nach dem Geiseltal und Leihatal abfallenden Einzugsgebiete von 100 m NN, der sich von allen Seiten her konzentrisch mit wechselndem Gefälle bis auf ungefähr 97 bis 98 m NN bei Frankleben senkte, um von dort dann dem Gefälle der Geisel zu folgen, wie überhaupt eine weitgehende Übereinstimmung des Wasserspiegels mit der Oberflächengestalt festzustellen war.

Nach einer Entgegnung der Beunaer Kohlenwerke auf das Gutachten von Prof. Grantz soll der Wasserspiegel im Gebiet ihres Grubenfeldes vor Beginn des Pumpbetriebes auf Grund einer Messung eines vereideten Landmessers bei zwei Meßstellen bei 99,75 m NN und 99,52 m NN, d. h. bei 4,75 m und 3,29 m (im alten Tagebau) unter Gelände gelegen haben.

Das Grundwasser stand also ursprünglich im Geiseltal wohl allgemein nur wenig unter der Geländeoberfläche und erfüllte die kiesig-sandigen Tertiär- und Diluvialschichten über der wasserundurchlässigen mulmigen Kohle, während die Sickerwasserzone über dem Grundwasserspiegel im Hochflächenbereich jedenfalls erheblich höher war.

Für mittlere und höhere Ortslagen gibt Ludin [69] Wasserstände von 6 bis 12 m unter Gelände an, ohne jedoch sie genauer zu nennen.

So konnten sich die zahlreichen Ortschaften mit Hilfe nicht allzu tiefer Brunnen aus dem erheblichen Grundwasserbestand der schon erwähnten Tertiärkiese und diluvialen Unstrutkiese versorgen.

Der Geschiebelehm dagegen bildet nur durch Einlagerung von Schmelzwasserkiesen lokale Grundwasserträger und hat daher nur geringere Bedeutung für die Wasserversorgung der Ortschaften; zu seiner Wassersättigung gehören durchschnittlich 30 bis 35% seines Volumens.

Bei frischem Löß liegt die Wasserkapazität noch höher bis 65% seines Volumens [85]. Aber auch durch seine Verlehmung wird die Wasseraufnahme verringert und der oberflächliche Abfluß vergrößert.

Ludin [69] führt bei einer Berechnung der im topographischen Einzugsgebiet der Geisel bis Frankleben (208 km^2) jährlich zur Versickerung kommenden Wasser folgende Zahlen auf:

Ungefährer durchschnittlicher Jahresniederschlag	500 mm
Verdunstungshöhe, geschätzt 60%	300 mm
Oberflächlicher Abfluß, geschätzt 30%	150 mm
(geringe Durchlässigkeit, aber sehr flaches Gelände)	
Rest = Versickerung = 10% (sehr niedrig geschätzt)	50 mm

Dies gibt für das genannte Gebiet eine jährliche Versickerung von $0{,}05 \times 208 = 10{,}4$ Mill. m³, einen Wert, den die durchschnittliche jährliche Wasserhebung von 10,68 Mill. m³ der Geiseltalgruben bei durchschnittlich 20,315 m³/min echtem Grundwasser nur wenig überschreitet. Zu dieser Berechnung ist zu sagen, daß wohl die Niederschläge durch Beobachtung bestätigt sind, die anderen Angaben aber nicht.

Nach WEIGELT [115] entspricht das in der Geisel selbst abfließende Wasser nicht dem geschätzten oberflächlichen Abfluß von 30%, sondern geht wohl darüber hinaus bis auf etwa 50%. Diesen erhöhten Abfluß führt er auf die Überlaufwasser der Zwölf Apostelquellen aus der Querfurter Mulde zurück. Hierzu ist außerdem zu bemerken, daß die Zwölf Apostelquellen jetzt zum Wasserwerk Mücheln gehören und sich die heutigen Abflußwasser der Geisel z. T. aus den durch die Fabriken gelaufenen Tagebau-, d. h. Tertiär- und Buntsandsteinwasser zusammensetzen.

Die 10% in der Berechnung von LUDIN ausmachenden Sickerwasser könnten jedoch trotz der nur wenig Grundwasser verheißenden Angaben über den Geschiebelehm und Löß auf den vom Diluvium entblößten Gebieten und auf Störungen im Diluvium in den Untergrund eingedrungen sein.

b) Die Beeinflussung durch den Bergbau in seinen Anfängen

Über den Beginn der Beeinflussung durch die Tagebaue liegt nur Material für das östliche und mittlere Geiseltal vor, woraus zu ersehen ist, daß schon bald nach Eröffnung der Tagebaue der Wasserspiegel in den Brunnen zu sinken begann.

So trat bereits 1903 unmittelbar nach dem Übergang der Grube Otto zum Tagebau ein auffälliges Sinken der Wasserstände der Brunnen in Naundorf ein. Obwohl die Brunnen, deren Oberkanten zwischen 101,80 m NN und 105,22 m NN lagen, auf maximal 12,64 m vertieft waren, versiegten sie 1912, als der Grundwasserspiegel bei etwa 92,50 m NN stand, er sank von August 1909 bis Februar 1912, also in 2,5 Jahren um maximal 1,78 m.

Das gleiche geschah nach der Eröffnung von Tagebau Rheinland und Beuna (1907) in Runstädt, das durch den Abbau nun schon ganz abgeräumt ist, und Frankleben, wo bis 1913 alle Brunnen versiegten, worauf im Tagebau Rheinland eine Pumpanlage erstellt wurde, um gutes Trinkwasser den hangenden Schichten zu entnehmen.

Während die Bohrlöcher im Felde der Grube Rheinland (auf 106 bis 108 m NN Geländeoberfläche) schon 1910 einen Wasserstand von annähernd 94 m NN aufwiesen, der sich innerhalb eines halben Jahres um weitere 2 m bis 91,88 m NN im März 1911 senkte, fiel der Wasserspiegel im Feld der Beunaer Kohlenwerke (etwa 105 m NN Geländeoberfläche) von 99,75 m NN (1907) bis 90 m NN (1912).

Dagegen hatte ein Brunnen eines Arbeiterhauses in Runstädt (Oberkante bei 103,16 m NN) eine Tiefe von 20,53 m und im Mai 1909 schon einen Wasserspiegel bei 95,93 m NN, der bis März 1911 bereits um 3,09 m auf 92,84 m NN abgesunken war. Leider waren weitere Messungen nicht möglich.

In Frankleben lagen, da das Gelände von der Geisel her stark ansteigt, die Brunnenoberkanten zwischen 98,90 und 109,11 m NN (am Bahnübergang) und damit die Brunnentiefen bis 12,02 m. Stand das Grundwasser im Mai 1909 noch zwischen 97,19 m NN und 97,93 m NN, so fiel es bis März 1912 maximal um 1,82 m auf etwa 97 bis 96 m NN.

Im Gegensatz dazu war im gleichen Zeitraum von 1907 bis 1912 in Ober- und Niederbeuna nur ein Spiegelrückgang von maximal 0,57 m zu verzeichnen, bedingt durch das trockene Jahr 1911. Bei Brunnenoberkanten von 95,12 bis 105,44 m NN lag der Wasserspiegel 1907 zwischen 94,17 und 97,56 m NN und 1912 zwischen 93,80 und 97,22 m NN.

In der Kolonie Beuna (105,08 m NN) fiel der Wasserspiegel von 1910 bei 98,04 m NN auf 97,73 m NN (1912).

Die Notstände in der Wasserversorgung dehnten sich bald in den Ortschaften an der Geisel aus, besonders nach der Eröffnung der Tagebaue Leonhardt und Pfännerhall 1911/12 über Körbisdorf, Wernsdorf und Benndorf (1912) und Neumark, Geiselröhlitz, Gräfendorf und Zützschdorf (1912/13).

Es fiel der Wasserspiegel in den Bohrlöchern des Feldes der Grube Pfännerhall (106 bis 109 m NN Geländeoberfläche) von November 1910 von 100 m NN auf 97 bis 98 m NN im November 1912, also um 2 bis 3 m.

Andererseits sanken die Wasserstände in Wernsdorf (Brunnenoberkante bei 102 bis 103 m NN) von 1910 bei etwa 98,50 m NN auf etwa 96,50 m NN im Jahre 1912, während in Körbisdorf die Brunnen – bei 104 bis 107 m NN – bis 1912 den Spiegelrückgang auf 94,50 bis 95,50 m NN aufwiesen.

In den Ortschaften Benndorf, Gräfendorf, Neumark und Geiselröhlitz gingen die Wasserspiegel (Brunnenoberkanten bei 106 bis 110 m NN) im Zeitraum 1909 bis 1912 von 102 bis 107 m NN auf 100 bis 106 m NN zurück, d. h. maximal um 2 m.

Aber auch an der südlichen Grenze des Geiseltales sanken die Wasserstände von 1912 ab (Eröffnung von Pfännerhall) in Braunsdorf und z. T. in Kleinkayna.

Zwei von der Gewerkschaft Michel etwa 250 bis 500 m östlich Braunsdorf gestoßene Bohrlöcher ergaben bei etwa 107 bis 108 m NN Geländeoberfläche noch 1910 bis 1912 einen Wasserspiegel von 1,05 bis 1,10 m bzw. 2,16 bis 2,20 m unter Gelände und sanken erst 1913 auf 3,16 m bzw. 4,10 m, d. h. auf etwa 104 m NN ab.

Dagegen machte sich erst von 1918 an das Absinken der Brunnenwasserstände in Großkayna bemerkbar, wo bis 1921 die Brunnen im mittleren, bis 1922 im nördlichen und schließlich erst 1924 im südlichen Dorfteil versiegten (letzteres durch den Beginn der Wasserhaltung der neuen Grube südlich Großkayna – des heutigen Aufschlusses Kayna-Süd).

Beiläufig sei erwähnt, daß für diese geschädigten Gemeinden auf Grund eines Beschlusses des Oberbergamtes Halle vom 25. 4. 1912 eine zentrale Wasserversorgung betrieben wird, und zwar aus der schon zum Muschelkalkgebiet der Querfurter Mulde gehörenden Gegend von Schortau, während schon „lange Jahre" vor 1912 eine Brunnenanlage der Wasserversorgung Christoph-Friedrich (Cecilie) im sogenannten Sauloch bei Krumpa (im Muschelkalk) in Tätigkeit war (vermutlich wohl kurz nach der Eröffnung im Jahre 1907, wo sicher auch in den in der Nähe liegenden Ortschaften Wassermangel eintrat).

Entsprechend wird es bei Elisabeth gewesen sein, wo – wie oben schon erwähnt – z. B. in Möckerling die Brunnen 1912 versiegten und mehrere Ortschaften bis zur Übernahme durch das Wasserwerk Mücheln aus Tagebauwasser von Elisabeth versorgt wurden.

Die Wasserstände in den Brunnen sanken also mehr oder weniger schnell ab, was von ihrer Entfernung von den Tagebauen und ihrer geologischen Schichtenfolge abhing. Leider sind aber diese für die genannten Brunnen nicht vorhanden, so daß genauere Untersuchungen über die Wasserführung im Hangenden der Kohle nicht angestellt werden können.

c) Die Grundwasserschwankungen der letzten Jahrzehnte bis zum Stande von 1950

Normale Grundwasserverhältnisse zeigen zumeist ein jahreszeitliches Schwanken des Wasserspiegels, d. h. ein Ansteigen während der Nährzeit im Winter von November bis April und ein Fallen in der Zehrzeit im Sommer von Mai bis Oktober.

Das Grundwasser geht – wie oben schon erwähnt – hauptsächlich aus den Niederschlagen hervor. Die Menge der einsickernden und schließlich zu Grundwasser werdenden Wasser hängt von der Höhe, der Form und der Verteilung der Niederschläge ab, aber weiter noch von der Verdunstung, d. h. der Lufttemperatur, und im Zusammenhang damit von dem Sättigungsdefizit der Luft, dem oberflächlichen Abfluß, der Vegetation und der Bodenart und Bodenbeschaffenheit.

Da – wie schon erwähnt – aus diesem Gebiet außer den Grundwasserstandsmessungen nur die Niederschlagszahlen bekannt sind (475 bis 525 mm im Jahr, wobei gesagt sei, daß in niederschlagsreichen Jahren die Werte bedeutend höher liegen können), sollen hier nur die Grundwasserstände selbst betrachtet werden.

Neben einer Reihe von Beobachtungen aus dem Braunkohlengebiet (mit abgesenktem Wasserspiegel) werden in den dieses Gebiet umschließenden Ortschaften schon seit z. T. 30 bis 40 Jahren Grundwasserstandsmessungen durchgeführt, die sich jedoch zumeist nur auf Wirtschaftsbrunnen erstrecken und das unbesiedelte Gelände unbeobachtet lassen.

Um nun feststellen zu können, ob ein Brunnen durch Bergbau beeinflußt worden ist oder den normalen Spiegelschwankungen folgt, müssen diese bekannt sein. Zur Bestimmung dieser Schwankungen wurde eine, hier nicht wiedergegebene, Zusammenfassung aller das Bergbaugebiet umgebenden und im Zeitraum von 1910 bis 1950 beobachteten 191 Brunnen geschaffen. Sie enthält die Anzahl der im jeweiligen Jahr vorhandenen beobachteten Brunnen und den mengen- und prozentmäßigen Anteil an Wasser-Hoch- und Tiefständen. Die Summe der prozentualen Hoch- und Tiefstände wurde graphisch dargestellt, so daß diese Kurve die prozentuale Häufigkeit der Hoch- und Tiefstände bringt (Anl. 43).

Es haben danach folgende Jahre die meisten niedrigen Grundwasserstände in den zur Verfügung stehenden Brunnen:

1911, 1919, 1921, 1925, 1934, 1943, 1947

und die meisten hohen Grundwasserstände:

1915, 1920, 1923/24, 1927, 1942, 1946.

Diese bringen gegenüber Nordwestsachsen [18] eine Differenz in den hohen Grundwasserständen von 1915 (bei Grahmann 1916), eine Beschränkung der hohen Grundwasserstände von 1926/27 (bei Grahmann) auf 1927, während der von 1931 nicht besonders ausgeprägt ist (Grahmann klammert diese Zahl auch schon ein). Der niedrige Grundwasserstand von 1918 (Grahmann) verzögert sich auf 1919, der von 1921/22 ist hier nur 1921 ausgeprägt und der von (1929) 1930 tritt durch das Fehlen von hohen Grundwasserständen 1931 nicht sonderlich hervor.

Die niedrigen Grundwasserstände sind besonders 1934 aufgetreten, erstrecken sich aber darüber hinaus auch auf die übrigen Jahre von 1930 bis 1940.

Leider stehen für fast alle Grundwassermeßstellen keine Schichtenfolgen zur Verfügung, so daß nur annähernd bekannt ist, in welchen Horizonten die Brunnen stehen.

Die Brunnen Nr. 1 bis 20 (Anl. 63) im Oberlauf der Geisel in St. Micheln, St. Ulrich und Mücheln haben bei einer Brunnenoberkante von 160 bis 133 m NN Brunnentiefen, die z. T. bis zur Grenze vom Unteren Muschelkalk zum Oberen Buntsandstein reichen, d. h. bis etwa 130 m NN.

Dabei ist festzustellen, daß die eine Gruppe von Brunnen – bis etwa 130 bis 128 m NN reichend – einen ziemlich gleichbleibenden Wasserspiegel (etwa 1 m schwankend) aufweist, der jedoch z. T. in den Jahren um 1940 schwach absinkt und zwischen 134 bis 128 m NN lag.

Die Wasserspiegel der übrigen Brunnen – bis etwa 140 m NN tief – schwanken um Beträge bis zu 5 m zwischen 148 m NN und 140 m NN und weisen einen starken Anstieg in den Jahren um 1942 auf.

Ähnlich wie die tiefen, gleichbleibenden Brunnen von Mücheln verhält sich im gleichen Zeitabschnitt der Brunnen in Eptingen (Nr. 21) (Anl. 63). Er steht bei einer Brunnenoberkante von 128,22 m NN und einer Tiefe von 16,14 m vermutlich im Tertiär bis Oberen Buntsandstein nahe an der Grenze zum Unteren Muschelkalk. 1910 weist er einen Wasserspiegel von etwa 120 m NN auf, der sich bis 1921 auf etwa 115 m NN senkt, später wieder ansteigend sich auf 118,50 bis 119 m NN hält. Mit einer Beeinflussung durch die Tagebaue trotz ihrer Nähe ist hier wohl kaum zu rechnen, da nur im Jahre 1921 (tiefster Grundwasserstand) ein Grundwasserspiegel erreicht wird, der dem ursprünglichen Grundwasserspiegel auf der anderen Talseite (Wasserhaltungsschacht von Elisabeth) gleicht, sonst aber immer höher liegt. Andererseits ist mit einer Beeinflussung vor 1910 wohl kaum zu rechnen, da der Tagebau damals noch zu geringe Ausmaße hatte.

Von den drei Brunnen in Schmirma (2 Kontroll-, 1 Wirtschaftsbrunnen) (Nr. 22 bis 24) (Anl. 60, 63) zeigen zwei das Bild der höherliegenden Brunnen von Mücheln. In ihnen sind im Kalkstein stehend, die ausgeprägten Hoch- und Tiefstände (seit 1910) beobachtet worden. Ihre Geländehöhe liegt bei 158,85 m NN, ihre Brunnensohle bei 149,34 m NN, und ihre Wasserspiegel schwanken von 156,15 bis 150,25 m NN. Der Kontrollbrunnen 3 (Nr. 24), etwa 250 m östlich des Ortes (Geländeoberfläche bei 140,71 m NN und Brunnentiefe 10 m), zeigt geringere Schwankungen bis 4,50 m, aber keine besonders ausgeprägten Hoch- und Tiefstände in Annäherung an die anderen Müchelner Brunnen. Merkwürdigerweise soll er aber ab 1944 trocken sein, obwohl vermutlich weder Bergbaubeeinflussung noch starkes Absinken des allgemeinen Grundwasserspiegels die Ursachen sein könnten.

In Oechlitz halten sich die neun beobachteten Wirtschaftsbrunnen (Nr. 25 bis 33) (Anl. 63), entsprechend ihrer Lage, in den normalen Schwankungen, wobei ihre höchsten Wasserspiegel bei 145 bis 150 m NN und die tiefsten zwischen 143 m NN und 147 m NN liegen im Beobachtungszeitraum 1936 bis 1945. Vermutlich reichen sie bis an die Grenze Unterer Muschelkalk zum Oberen Buntsandstein.

Die zwei Kontrollbrunnen (Nr. 34 bis 35) (Anl. 63) in Langeneichstädt (ab 1910 beobachtet) stehen wohl beide im Diluvium und haben bei etwa 160 m NN bzw. 164 m NN Geländehöhe um 1,50 m bzw. 2,50 m schwankende Wasserspiegel bis minimal 155,55 bzw. 160 m NN. Ähnlich steht es mit den beiden Kontrollbrunnen (Nr. 36 bis 37, Anl. 63) (von 1912 an beobachtet) in Oberwünsch, die, entsprechend ihrer Geländelage (142 m NN), den tiefsten Wasserstand bei 139 bis 140 m NN haben.

Von Oberwünsch dem Tal der Schwarzeiche, die bei Schkopau in die Saale mündet, folgend sind in den zahlreichen Ortschaften über Klobikau bis Knapendorf 64 Wirtschafts- und Kontrollbrunnen (Nr. 38 bis 101) (Anl. 63), z. T. von 1913 an beobachtet worden, wobei etwa die Hälfte außerhalb des Kartenblattes (Anl. 64, 65) liegen. Fast alle haben normale Grundwasserspiegellagen, d. h. je nach Geländehöhe liegt er bei wenigen Zentimetern bis zu etwa 10 m unter Gelände, wobei die Schwankungen bis 4 m betragen können. Der Grundwasserspiegel senkt sich entsprechend dem Gefälle des Geländes und der Schwarzeiche in diesem Gebiet von 125 bis 88 m NN.

Die Ganglinien der einzelnen Brunnen sind teils gleichbleibend, teils mit ausgeprägten Maximal- und Minimalständen (Nr. 45) (Anl. 44, 59, 60, 63). Dieses ist einerseits auf die Schichtenfolgen der Brunnen zurückzuführen – sie stehen entweder nur im Diluvium oder im Tertiär oder Mittleren Buntsandstein – andererseits auf ihre Lage zur Schwarzeiche – zumeist sind die in der Talaue liegenden gleichbleibend. Einige Brunnen sind aber beeinflußt, und zwar positiv durch künstliche Wiesenbewässerung – sie zeigen gleichbleibende Grundwasserspiegel – andere negativ durch die Entnahme aus den oben beschriebenen Tiefbrunnen bzw. durch den Bergbau. Die Einwirkung der Tagebaue wird weiter unten behandelt werden.

Die Beeinflussung durch die Tiefbrunnen Niederklobikau I und II wirkt sich nicht etwa auf die in der Nähe liegenden Brunnen aus – diese stehen vermutlich nur im Diluvium, das bei den Tiefbrunnen abgeschlossen ist –, sondern auf einen (Nr. 62) (Anl. 63) etwa auf der Hälfte zwischen ihnen liegenden. Nach PICARD [79] weist der betreffende Brunnen in seiner Schichtenfolge bis 1,25 m diluvialen Sand und darunter Mittleren Buntsandstein auf. Nach den trockenen Jahren um 1934 sank der Grundwasserspiegel weiter ab, der Brunnen versiegte 1938 und führte bis zum Ende seiner Beobachtung (1945) kein Wasser.

Bei dem Brunnen Nr. 47 (Anl. 60, 63) (121,07 m NN) war ebenfalls weiter sinkende Tendenz nach 1934 bis zum Versiegen 1943 festzustellen. Er führt jedoch seit 1949 wieder Wasser. Sein Grundwasserspiegel senkte sich damit etwa auf den des 2 m tiefer liegenden Brunnens Nr. 48 (Anl. 63) (119,31 m NN), dessen Spiegelschwankungen von 0,5 bis 3 m unter Gelände liegen. Es wäre denkbar, daß dieser Rückgang durch die Wasserentnahme aus den Brunnen des Wasserwerkes der Grube Elise II erklärt werden könnte.

Östlich des Bergbaugebietes im unteren Geiseltal und nördlich davon im Tal des Klyegrabens (Brunnen Nr. 102 bis 142) (Anl. 63) sind größtenteils unbeeinflußte Grundwasserspiegellagen. Während in Blösien (Nr. 102, 106) (Anl. 60, 63) – wie unten noch ausgeführt wird – durch den Bergbau eine gewisse Beeinflussung vorliegt, schwankt in Geusa (Nr. 124) (Anl. 45, 59, 60, 63) und Atzendorf der Grundwasserspiegel zwischen 96 m NN und 93 m NN je nach Geländelage und den üblichen jahreszeitlichen Maximal- und Minimalwerten. Die Brunnen stehen vermutlich nur im Diluvium und sind im Tal wohl jahreszeitlichen Schwankungen unterworfen aber periodisch ausgeglichen; die Brunnen auf den Höhen weisen dagegen stärkere periodische Schwankungen auf.

Während die normalen Verhältnisse der Brunnen (Nr. 131 bis 138) in Kötzschen (Anl. 63) denen in Geusa und Atzendorf (zwischen 97 m NN und 94 m NN) ähneln, d. h. um 1,50 m schwankende Grundwasserspiegel haben, ist südöstlich des Ortes eine Beeinflussung der Kontrollbrunnen (Nr. 139 bis 142) (Anl. 46, 59, 60, 63) durch die Kippe bzw. das Klärbecken des Leunawerkes festzustellen, so daß die Ganglinien entweder gleichbleibend sind oder Maximalwerte auch in trockenen Jahren aufweisen. In einem Schreiben der Gewerkschaft Michel an den Berghauptmann in Halle vom 19. Januar 1931 wird die Vermutung ausgesprochen, daß die günstigen Wasserstände in Oberbeuna auf Beeinflussung durch das Klärbecken des Leunawerkes zurückzuführen seien, wie dadurch eine Versumpfung der Kötzschener Flur anzunehmen wäre.

Weiter im Südosten (östlich des Janushügels) wird an der Weißenfelser Chaussee der Brunnen der Gastwirtschaft Bäumchen (Nr. 143) (Anl. 63), im Mittleren Buntsandstein stehend, seit 1936 beobachtet, der bei einer Geländeoberfläche von 125,99 m NN einen Grundwasserstand zwischen 13 m und 17 m unter Gelände aufweist, also von 108,99 bis 112,99 m NN. Der Grundwasserspiegel dieses Brunnens steigt ebenfalls stark an zu den hohen Grundwasserständen von 1942.

Die nächsten Kontrollbrunnen (Nr. 144, 145) (Anl. 63) stehen in Lunstädt südwestlich des Janushügels bei 125,85 m NN bzw. 124,97 m NN Geländehöhe und wurden von 1914 bis 1937 beobachtet. Sie weisen einen vom Überlauf bis 4 m unter Gelände jahreszeitlich und periodisch schwankenden Grundwasserspiegel auf, der also minimal bei 121,10 m NN vermutlich im Diluvium liegt.

Weiter westlich bilden die Brunnen Nr. 146 bis 185 (Anl. 60, 63) in den Ortschaften von Gröst bis Bedra Grundwassermeßstellen z. T. von 1914 an. Sie haben gemäß ihrer Geländehöhe (126,26 bis 111,53 m NN) von maximal 123,88 m NN bis minimal 109,83 m NN um 1 bis 7 m unter Gelände schwankende Wasserspiegel. Die Brunnen weisen teilweise große jahreszeitliche und periodische Schwankungen auf – im Muschelkalk stehend –, teilweise jedoch sind ihre Wasserspiegel fast ausgeglichen – im Diluvium stehend. Das Versiegen einiger Brunnen ist dadurch begründet, daß sie nicht tief genug sind, um die Minimal-Grundwasserspiegel zu erreichen.

Schließlich seien noch die beobachteten Wirtschaftsbrunnen in Branderoda (Nr. 186, 187) und Baumersroda (Nr. 188 bis 191) (Anl. 63) genannt (seit 1936 beobachtet), obwohl sie schon in größerer Entfernung vom Geiseltal liegen. Leider stehen in der Nähe keine Brunnen zur Auswertung zur Verfügung.

In Branderoda (146 bis 151 m NN Geländehöhe im Unteren Muschelkalk) liegt der Minimalwasserspiegel etwa in der gleichen Höhe wie die Grundwasserspiegel in Gröst, und zwar be

121 bis 124 m NN und steigt bis zum maximalen um 11 m an, wobei er immer noch 16 bis 20 m unter Gelände bleibt.

Bei einer Geländehöhe von 190 bis 204 m NN weisen die Brunnen in Baumersroda z. T. Tiefen im Unteren Muschelkalk bis 148 m NN auf und erreichen dadurch den Minimalwasserspiegel von 150 m NN, während andere versiegten, da sie zu flach waren. Der Maximalspiegel steigt auf 167 bis 175 m NN an. Die Spiegellagen schwanken also zwischen 22 bis 28 m minimal und 39 bis 41 m maximal unter Gelände.

Ist mit den bisher betrachteten Brunnen der Ring der unbeeinflußten Grundwasserspiegellagen geschlossen, so zeigen einige Beobachtungsbrunnen bereits einen Übergang zu den z. T. weit abgesenkten Grundwasserbeobachtungsstellen in den Tagebauen selbst.

Die Entscheidung darüber, ob die Grundwasserspiegelschwankungen eines Brunnens durch Beeinflussung von Tagebauen oder durch starkes periodisches Ansteigen und Abfallen hervorgerufen werden, ist beim Fehlen von Schichtenfolgen besonders im Hochflächenbereich nicht leicht zu treffen.

Unterschiedliche Werte liefern die Brunnen Nr. 43a, b und Nr. 192 (Anl. 63) in der Gegend südlich Niederwünsch. Während Brunnen Nr. 43a (1922 bis 1931) vermutlich einen normalen Wasserstand bei durchschnittlich 124 m NN aufweist (wie auch der Brunnen Nr. 41 an der Schwarzeiche), schwankt der des Brunnens Nr. 43b zwischen 121 m NN und 118 m NN und zeigt damit einen beeinflußten Spiegel, wie auch der Brunnen Nr. 192, auch nach den trockenen Jahren bis 1940.

Einen Abfall des Grundwasserspiegels zeigt auch der Brunnen Nr. 44 in seinem Beobachtungszeitraum von 1931 bis 1938 von 123 bis 120 m NN. Obwohl dieser Rückgang mit der periodischen Schwankung übereinstimmen könnte, ist infolge des Tagebaufortschrittes mit einer Beeinflussung durch diesen zu rechnen, da aller Wahrscheinlichkeit nach dieser Brunnen bis ins Tertiär hineinreicht.

Andererseits führte der Brunnen Nr. 81 (Anl. 60, 63) (südlich Burgstaden bei 133,51 m NN Geländehöhe) nur in den Jahren 1928 bis 1931 Wasser bei 123,50 m NN. Eine Beeinflussung durch den Bergbau ist zwar nicht ausgeschlossen; da aber der Grundwasserspiegel im Tal der Schwarzeiche in dieser Gegend durchschnittlich bei 99 m NN liegt, ist mit Grundwasserspiegelschwankungen im Hochflächenbereich zu rechnen, so daß der Brunnen nur zur Zeit der hohen Wasserstände Wasser führte, dann aber, da er versiegt war, später, seit etwa 1939, nicht weiter beobachtet wurde, obwohl er höchstwahrscheinlich noch wieder Wasser aufgewiesen haben wird.

Das Beobachtungsbohrloch Nr. 193 (Anl. 47, 59, 61, 63) (Brikettfabrik Elise II) enthält zwei Grundwasserspiegel; der obere liegt im Diluvium, und zwar stieg er von 1937 bei 125,50 m NN auf etwa 130 m NN in den Jahren 1944/45 und 1949/50, der untere in der Kohle fiel dagegen im gleichen Zeitraum von 114 bis 110 m NN.

Die Grundwassermeßstellen Nr. 194 bis 196 (Anl. 48, 59, 61, 63) an der südlichen Umrandung des Tagebaues Mücheln weisen je nach ihrer Lage Grundwasserspiegel von 110 bis 125 m NN im Hangenden der Kohle oder Diluvium auf, die seit etwa 1937 beobachtet um 2 bis 4 m schwankten. Diese sind durch die Kippe bereits vom Tagebau abgeschlossen.

Andererseits stiegen die Grundwasserspiegel der Meßstellen Nr. 197 bis 204 (Anl. 49, 59, 61, 63) im Schutze des Kippenfortschrittes bzw. auf der Kippe innerhalb der Kohle ab 1937 von z. T. 90 m NN bis z. T. auf 110 m NN bis zu 15 m an, schwankten aber in den letzten drei Jahren teilweise um geringere Beträge bis etwa 5 m.

Bei den neuen Meßstellen Nr. 205 bis 211 (Anl. 63) auf der Kippe reichen die Grundwasserspiegel in der Nähe des Kippenfußes bis 60 m NN (im gekippten Material) hinab.

Im mittleren Geiseltal führen die Meßstellen des Werkes Neumark im allgemeinen im Süden ansteigende und im Norden fallende Grundwasserspiegel, und zwar zumeist in der Kohle oder im hangenden Tertiär.

Wahrend die Meßstelle Nr. 214 (Anl. 51, 59, 62, 63) (106,38 m NN) in Benndorf seit 1932 einen ansteigenden Grundwasserspiegel im Diluvium von 89 m NN auf 94,50 m NN (1950) hat, wies das Beobachtungsrohr Nr. 215 (Anl. 52, 59, 62, 63) im Gebiet der Rutschung Benndorf [15] ein standiges Sinken von 1936 bei 85,91 m NN auf 80 m NN (1940), um dann innerhalb desselben Jahres bis auf 57 m NN zu fallen in die Höhe, in der der Grundwasserspiegel noch 1950 zwischen 57 m NN und 59 m NN schwankt. Nur 1942/43 war ein Anstieg bis 65,27 m NN zu verzeichnen. Vermutlich stehen diese Grundwasserspiegelschwankungen mit den Rutschungen in diesem Gebiet im Zusammenhang.

Andererseits weisen die Meßstellen Nr. 212 und 213 (Anl. 63) sehr schwankende Spiegel auf, die durch das oberirdisch abfließende Wasser beeinflußt werden (Hochwasser 1947), was auch in den Rutschungserscheinungen seinen Ursprung haben kann. So liegt der Grundwasserspiegel vom Beobachtungsrohr Nr. 212 in diluvialen Geschiebemergeln und Kiesen zwischen 101 m NN und 84,50 m NN, während der von Nr. 213 (Anl. 50, 59, 62, 63) zunächst von 88,50 m NN (1934) auf 90 m NN (1941) anstieg, dann abfiel auf 76,50 m NN, um bis 1942 auf 92 m NN anzusteigen und bis 1950 etwa auf den früheren Spiegel bei 90 m NN zu fallen.

Die Grundwassermeßstellen Nr. 216 bis 219 (Anl. 63) (auf der Kippe bzw. in dem Markscheidepfeiler) weisen dagegen steigende Tendenz auf, von denen allerdings nur Meßstelle Nr. 217 (Anl. 53, 59, 62, 63) von 1943 bis 1950 beobachtbar war. Der Grundwasserspiegel stieg von 79,50 bis 84,50 m NN (innerhalb der Kohle).

Im Gegensatz dazu stehen die Meßstellen Nr. 220 bis 222 (Anl. 63) (im Norden des Tagebaues). Sie zeigen infolge des Tagebaufortschrittes zunächst fallende und dann z. T. gleichbleibende Grundwasserspiegel von 116 bis 111 m NN (Bl. Nr. 220) (Anl. 54, 59, 61), 110 bis 108 m NN (Bl. Nr. 221) und 107,50 bis 104 m NN (Bl. Nr. 222), d. h. in den hangenden Tertiärkiesen und Tertiärsanden bei zwar sehr unterschiedlichen Geländehöhen von 124,09 m NN (Bl. Nr. 220) bis 147,40 m NN (Bl. Nr. 222).

Am Südrand der Tagebaue Neumark-Süd und -Ost stehen drei Beobachtungsrohre (Nr. 223 bis 225) (Anl. 63) in den Ortschaften Körbisdorf bis Naundorf. Sie weisen von Westen nach Osten abnehmende Grundwasserspiegel auf, die – in der Kohle stehend – schwanken, und zwar bei Meßstelle Nr. 223 zwischen 87 m NN (1936), 90 m NN (1940), 74 m NN (1945) und 82 m NN (1949), bei Rohr Nr 224 zwischen 78,60 m NN (1940), 70,40 m NN (1946) und 87 m NN (1950) und bei Meßstelle Nr. 225 (Anl. 55, 59, 62, 63) zwischen 65 m NN (1936), 74,70 m NN (1942) und 63,10 m NN (1946). Letzteres Beobachtungsrohr stieg nach 1946 wieder um 2 m an und versiegte 1949 – bedingt durch die fortschreitenden tiefen Tagebaue Großkayna und Pfännerhall. Pfännerhall führt zur Zeit keine Grundwasserstandsbeobachtungen durch. Die älteren Meßstellen sind durch den Tagebau abgeräumt. Nur ein Kontrollbrunnen Nr. 146 wird zwischen Braunsdorf und Bedra seit 1913 beobachtet, der bei einer Geländehöhe von 112,63 m NN einen von 6,70 bis 10,06 m schwankende Wasserspiegel unter Gelände aufweist (Anl. 60, 63).

Im Felde des Tagebaues Großkayna zeigt das Rohr Nr. 226 (Anl. 56, 59, 62, 63) (im Süden zwischen Kippe und Halde Vesta bei 107,06 m NN) eine Grundwasserstandsganglinie, die von 1933 bis 1939 von 83,10 m NN auf 79,10 m NN fällt, dann aber im Schutze der vorrückenden Kippe bis 1950 auf 90,35 m NN aus der Kohle bis in die hangenden Kiese ansteigt. Meßstelle Nr. 227 (Anl. 57, 59, 62, 63) im Ort Großkayna hält seinen Grundwasserspiegel in der gleichen Beobachtungszeit bei etwa 16,50 m unter Gelände auf 95 m NN in liegenden Tertiärkiesen und Sanden über mächtigen Tonschichten.

Anders liegen jedoch die Verhältnisse bei den Grundwassermeßstellen Nr. 228 bis 230 (Anl. 63) im Osten und Nordosten. Sie weisen fallende Grundwasserspiegel auf, entsprechend dem Heranrücken des Abbaues, wobei der Spiegel bei Rohr Nr. 228 am stärksten bis 44 m unter Gelände, in der Kohle stehend, abgesenkt ist (bei 63,50 m NN). Bei Meßstelle Nr. 230

(Anl. 58, 59, 62, 63) reicht die Absenkung von 1943 bei 78 m NN bis 1950 bei 71,50 m NN in die liegenden Kiese.

Dagegen weist das Beobachtungsrohr Nr. 229 in der Gegend des Stahlwerkes Frankleben von 1943 bis 1950 zunächst einen Grundwasserspiegel bei 95,50 m NN, d. h. 10,50 m unter der Geländeoberfläche, auf, dieser steigt dann um 1,50 m bis 1948 an und fallt bis 1950 um 2 m, so daß von Beginn der Beobachtung insgesamt nur ein Spiegelabfall von 0,50 m erfolgt ist. Dieses ist, ähnlich wie bei Rohr Nr. 227, auf die geologische Schichtenfolge zurückzuführen (Kies über mächtigem Ton).

Im Beunaer Feld werden zur Zeit keine Grundwasserstandsbeobachtungen angestellt. Ältere Meßstellen zeigten durch Grubenwasserhaltung abgesenkte, gleichbleibende Werte bei etwa 75 bis 80 m NN in der Kohle oder im Liegenden, sie sind aber bereits abgeräumt. Andererseits wiesen die Kippenbeobachtungsrohre ansteigende Grundwasserspiegel von z. T. 50 m NN bis z. T. 80 m NN im gekippten Material auf; sie sind jedoch durch Aufhöhung des Geländes überkippt.

Schließlich seien noch die Verhältnisse in Blösien genannt. Mehrere Gutachten (so 1922 und 1931) behandelten die Frage des Ursprungs der Grundwasserspiegelsenkung in der Ortschaft Blösien. Hierzu kann zusammenfassend gesagt werden, daß der Wasserspiegel 1910 in der Talsohle (etwa 98,50 m NN) dicht unter der Geländeoberfläche lag und unter den höherliegenden Flächen bei etwa 99 m NN (Brunnen Nr. 104 bis 105) (Anl. 63). Der Rückgang um etwa 1,50 m des Jahres 1911 war durch die „beispiellose Niederschlagsarmut und Hitze" (wie THIEM 1922 schreibt) bedingt. Nach vorübergehendem Anstieg in den niederschlagsreicheren Jahren sank der Grundwasserspiegel 1921 bei abermalig außergewöhnlich geringen Niederschlägen nur wenig unter den Stand von 1911 und stieg bis 1929 trotz des Neuaufschlusses von Tagebau Tannenberg (1926) auf den Stand von 1910. Aus den sehr unterschiedlichen geologischen Schichtenfolgen der Brunnen ist doch soviel zu ersehen, daß der Grundwasserspiegel zumeist noch im Diluvium und hangendem Tertiär stand und eine Beeinflussung durch Tagebaue bis 1929 wohl nicht erfolgte. Erst von dieser Zeit an übt der in geringerer Entfernung von Blösien liegende Tagebau Tannenberg einen Einfluß auf die Grundwasserverhältnisse aus. So versiegten die Kontrollbrunnen (Nr. 104 bis 105) in der Ortschaft 1932 bei rund 96 m NN und südwestlich vom Ort die Brunnen Nr. 102 bis 103. Die beiden letzten wiesen in ihrem Beobachtungszeitraum von 1927 bis 1932 bzw. 1933 bis zu ihrem Versiegen stark fallende Grundwasserspiegel auf, Brunnen Nr. 102 (Anl. 60, 63) von 94,95 m NN = 13,14 m unter Gelände bis 89,41 m NN und Brunnen Nr. 103 von 96,30 m NN = 7,93 m unter Gelände bis 93,68 m NN.

Werden die bisher betrachteten Brunnen von Braunkohle unterlagert, und ist ihr Versiegen durch den nahen Tagebau erklärlich, so weist Brunnen Nr. 106 (Anl. 60, 63), südlich der Ortschaft, nur einen stetigen Spiegelrückgang von Beginn der Beobachtung (1927) von 96,80 m NN (das sind 7 m unter Gelände) bis 95,56 m NN im Jahre 1939 auf. Bis zum Ende der Beobachtung (1940) steigt dann der Wasserspiegel um 0,16 m an, wobei die Brunnensohle bei 92,86 m NN = 10,94 m unter Gelände liegt. Dieser Brunnen hat damit auch während der trockenen Jahre Grundwasser geführt, was auf seine geringere Beeinflußbarkeit zurückzuführen ist, da er wohl nicht von Braunkohlentertiär unterlagert wird.

Mit Hilfe dieser Grundwassermeßstellen und noch einer Reihe ungenannter Brunnen und Bohrlöcher ist ein auf Normal-Null bezogener Grundwasserhöhenkurvenplan (Anl. 64, als Beilage am Schluß der Arbeit) des Geiseltales konstruiert worden.

Für die Kontroll- und Wirtschaftsbrunnen des Randgebietes wurden die langjährigen Mittelwerte und für die Meßstellen im Bergbaugebiet die Grundwasserstände vom Dezember 1950 eingetragen.

Der Plan zeigt ein normales Grundwasserspiegelgefälle gemäß der allgemeinen Geländeabdachung, in das die verhältnismäßig engbegrenzten Absenkungstrichter der einzelnen Tagebaue eingeschnitten sind.

Außerdem ist ein zweiter Plan (Anl. 65, als Beilage am Schluß der Arbeit) mit Flurabstandskurven aufgestellt worden.

Für diesen sind entsprechend die Mittelwerte aus der Grundwasserkarte bei der Hauptabteilung Wasserwirtschaft im Ministerium für Land- und Forstwirtschaft übernommen und für das Bergbaugebiet auch die Zahlen vom Dezember 1950 eingetragen worden, wozu zu bemerken ist, daß im bereits abgebauten Gebiet die alte Geländehöhe genommen wurde, um einen gemeinsamen Bezugshorizont für abgebaute und unabgebaute Gebiete zu haben.

Dieser Plan scheint in bezug auf den Bergbau ganz andere Verhältnisse zu zeigen. Man könnte annehmen, daß die Absenkungstrichter über weite Flächen nach Norden bis an die Schwarzeiche reichten, dieses trifft jedoch nicht zu, denn zwischen Geisel und Schwarzeiche lag auch früher der Wasserspiegel verhältnismäßig tief unter der Geländeoberfläche. Nur an der Geisel fehlt im Bereich des Bergbaugebietes das relative Ansteigen des Wasserspiegels zu flacher Lagerung infolge der tiefen Absenkung. Dagegen weist der Ober- und Unterlauf der Geisel die gleichen normalen Verhältnisse auf, wie das Schwarzeiche- und Leihatal mit flachem Grundwasserspiegel unter der Geländeoberfläche.

Andererseits erscheint das Absenkungsgebiet klein gegenüber den normal tiefliegenden Wasserständen der Querfurter Mulde.

An den Rändern des Bergbaugebietes überschneiden sich an einigen Stellen die Grundwasserspiegel des Diluviums und Tertiärs.

Zwischen den Tagebauen Mücheln und Neumark stehen noch einige kleine Grundwasservorkommen im Diluvium, die eine Abweichung in der allgemeinen Lage bilden. Andererseits bringt die oben erwähnte Bezugshöhe der Geländeoberfläche einige Abweichungen für die Zukunft insofern, als ja bei den Tagebaukippen nicht wieder derartige Geländehöhen entstehen werden, wie sie z. B. der Große Hügel (159 m NN) und der Galgenberg (150 m NN) zwischen Mücheln und Neumark bilden, so daß an diesen Stellen der Grundwasserspiegel nicht so tief unter Gelände liegen wird.

VII. Zusammenfassung und Ausblick

Der normale Höhenkurvenverlauf des Grundwasserentnahmetrichters bei Braunkohlengruben ist auch im Geiseltal festzustellen. Danach werden aus den Kohlenflözen ständig größere Wassermengen gehoben. Die Förderung aus dem hangenden Tertiär und Diluvium nimmt wegen der besseren Entwässerbarkeit im Laufe der Zeit ab, wenn nicht größere Mengen von weiter her zufließen.

Das aufgestellte Profil des Mittleren Buntsandsteins ergibt fünf Zonen mit Sandstein- und fünf Zonen mit Tonvorherrschaft und gestattet dadurch eine Horizontierung von Bohrungen und annähernde Vorausbestimmung ihrer Wasserergiebigkeit.

Schließlich bilden die Grundwasserhöhenkurvenpläne des Geiseltales die Grundlage für alle hydrologischen Fragen der Wissenschaft und Praxis.

Schlußfolgerungen z. B. auf den Zeitraum des Wiederanstieges des Grundwassers auf den normalen Stand sind aus dieser Bearbeitung noch nicht möglich. Eine genauere Untersuchung der gesamten Querfurt-Fre,burger-Muschelkalkmulde, die eine hydrologische Einheit für derartige Fragen bildet, wäre dazu notwendig.

Nach einer früheren Veranschlagung von Gabert [13] wäre in den drei Teilmulden der Querfurt-Freyburger-Mulde zusammen mit schätzungsweise 30 bis 60 m^3/min Wasser zu rechnen. Diese Mulden sind erstens die Kuckenburger oder Schraplau-Göhrendorfer, zweitens die Gleina-Baumersrodaer und drittens die Freyburger, wobei aus der zweiten die Geisel und Zwölf-Apostel-Quellen und aus der dritten das Zeuchfelder Tal gespeist werden.

Die Summe aus Niederschlag, Verdunstung, oberflächlichem Abfluß, Versickerung und Wasserhebung in diesem gesamten Gebiet der Querfurt-Freyburger-Mulde mit dem unter- bzw. umlagernden Mittleren Buntsandstein bis zur abschließenden Unterlage des Unteren Buntsandsteins ließe erst Schlüsse von weitreichendem Ausmaß zu.

So bildet diese Arbeit einen Ausgangspunkt für weitere Untersuchungen zur Klärung des Grundwasserhaushaltes des Geiseltales im Rahmen der Querfurt-Freyburg-Naumburger-Muschelkalkmulde.

Die bereits 1957 in Nr. 18 der gleichen Veröffentlichungsreihe herausgegebene Arbeit „Über die Hydrogeologie der Querfurt-Freyburg-Naumburger Muschelkalkmulde" führte vorliegende, 1951 abgeschlossene, Untersuchungen fort.

VIII. Literaturverzeichnis

[1] Altgelt, G.: Der Braunkohlenbergbau des Geiseltales und seine Einwirkung auf die örtlichen, wirtschaftlichen und sozialen Verhältnisse. S. 465–469, 504–507, 551–556, 614–620 Braunkohle XX, Halle 1921.

[2] Deubel, F.: Die Beziehungen zwischen geologischem Aufbau und Wasserversorgung in Thüringen. S. 54–69 Beiträge zur Geologie von Thüringen I, H. 6, Jena 1928.

[3] –: Grundwassergewinnung aus Bohrungen im thüringer Buntsandstein. S. 25–30 Beiträge zur Geologie von Thüringen VI, Jena 1942.

[4] –: Geologische Grundlagen und derzeitiger Stand der Wasserversorgung in Thüringen. S. 165–176. Hydrol. Forsch. 1, Abhandlungen des Reichsamtes für Bodenforschung NF H. 209, Berlin 1944.

[5] Dt. Bergb. Jb.: Jahrbuch der deutschen Steinkohlen-Braunkohlen-Kali- und Erz-Industrie. Herausgeg. vom Dt. Braunkohlen-Industrie-Verein. Bearb. von H. Hirz und W. Pothmann, Jg. 2 bis 30, Halle 1902 bis 1939.

[6] Estor, F.: Die Bedeutung des Verfahrens der Vorentwässerung des Gebirges für das Schachtabteufen im Braunkohlenbergbau, S. 805–811, 829–836, Braunkohle XXVI, Halle 1927.

[7] v. Fritsch, K.: Ein alter Wasserlauf der Unstrut von der Freyburger nach der Merseburger Gegend, S. 17 bis 36, Z. für Naturwissenschaften 71, Stuttgart 1898.

[8] Frommeyer, F.: Die Beziehungen zwischen Salzauslaugung und Braunkohlenbildung im östlichen Geiseltal, unter Berücksichtigung dieser Vorgänge im übrigen Geiseltal (Diss. Halle 1938), S. 58–176, Jb. d. Hall. Verb. 17, Halle 1939.

[9] Fulda, E.: Die Zechsteinformation in der Gegend von Halle und Merseburg, S. 685–715, Jb. d. Pr. Geol. LA XLIX für 1928, II. Teil, Berlin 1929.

[10] –: Tiefbohrergebnisse im Zechstein von Halle und Merseburg, S. 79–86, Jb. d. Hall. Verb. 8, Halle 1929.

[11] Gäbert, C.: Ausgewählte Kapitel über Grundwasserverhältnisse des mitteldeutschen Industriebezirkes, ihre Beziehungen zur Wasserversorgung und Bergbau, S. 127–137, Jb. d. Hall. Verb. VII NF 1928.

[12] –: Die Wasserversorgung einer Gemeinde auf der sterilen Muschelkalkhochfläche bei Freyburg a. d. Unstrut, S. 235–237 Techn. Gemeindeblatt XXXII, H. 17, Berlin 1929.

[13] –: Wichtige, bisher wenig oder nicht genutzte Grundwasserschätze Mitteldeutschlands S. 215–229, Mitteilungsblatt f. d. Mitglieder d. Landtages d. Prov. Sachsen 3, H. 13, Merseburg 1929.

[14] –: Mitteldeutsche Bodenschätze: Erden, Steine, Grundwasser, S. 7–49, Archiv f. Lagerstättenforschung H. 50, Berlin 1931.

[15] Gallwitz, H.: Der Stand der geologischen Arbeiten im Geiseltal, S. 56–63, Hall. Jb., 1. Bd. Lief. 2, Halle 1951.

[16] Grahmann, R.: Änderung der Grundwasserverhältnisse durch Regulierung eines offenen Wasserlaufes, S. 707–709, Braunkohle XXII, Halle 1924.

[17] –: Die diluvialen Flußläufe Westsachsens und ihre Beziehungen zu den Grundwasserströmen, S. 169–175, 189–196, Braunkohle XXIV, Halle 1925.

[18] –: Ergebnisse achtzehnjähriger Grundwasserbeobachtungen in Nordwestsachsen, S. 373–378, 441–448, Braunkohle XXXIV, Halle 1935.

[19] –: Schwankungen des Grundwasserspiegels im Lande Sachsen während der Jahre 1920 bis 1942, S. 245 bis 253, Braunkohle 42, Halle 1943.

[20] Grantz: Gutachtliche Äußerung betr. Wasserversorgung des östl. Geiseltales. 7 Seiten, Techn. Hochschule Charlottenburg, 25. 4. 1914. Unveröffentlicht a. d. Akten d. Geol. Inst. Halle.

[21] Haedicke, H.: Der Grundwasserspiegel, S. 209–216, Z. f. praktische Geologie XVIII, Halle 1910.

[22] Heinemann: Rutschungen im Tagebau Otto-Tannenberg, S. 233–237, Braunkohle 38, Halle 1939.

[23] Heise, W.: Die tektonische Sonderstellung der Merseburger Buntsandsteinplatte (Diss. Greifswald 1929), S. 32–74, Jb. Hall. Verb. 8 NF, Halle 1929.

[24] Herrmann, R.: Aufbau und Entwicklungsgeschichte der Halle–Hettstedter Gebirgsbrücke, S. 12–57, Jb. d. Hall. Verb. 5 NF, Halle 1926.

[25] –: Salzauslaugung und Braunkohlenbildung im Geiseltal bei Merseburg. S. 467–478, 534, Z. D. G. G. 82, H. 8, Berlin 1930.

[26] Höfer, H.: Ergiebigkeit eines Grundwasserstromes, S. 166, Z. f. prakt. Geologie II, Halle 1894.

[27] Hoffmann, G.: Entwässerung der Kohle beim Aufschluß von Tagebauen, S. 455–459, Braunkohle XX, Halle 1921.

[28] Hoppe, W.: Die technische Untersuchung und Beurteilung der Sandsteine, S. 25–34, 43–47, 49–59, Z. f. prakt. Geologie 48, Halle 1940.

[29] Hundt, R.: Grundwasserfragen in der Freyburg-Querfurter Muschelkalkmulde und deren nördlichem Randgebiet, S. 41–42, Pumpen- und Brunnenbau 31, Berlin 1935.

[30] Hunger, R.: Zwei Diluvialfaunen im Deckgebirge der Braunkohle des Tagebaues Leonhardt bei Neumark im Geiseltal, S. 116–124, Zeitschr f. Gesch. Forsch. u. Flachlandsgeologie 15, H. 2, Leipzig 1939.

[31] –: Rezente Erdfälle im Geiseltal, S. 98–101, Bergbau und Energiewirtschaft Bd. 1, Nr 4, Berlin 1948.

[32] Jürgens, F.: Der Braunkohlenbergbau im Geiseltal, S. 173–182 in: Bergmännisches Handbuch für Schule und Haus, herausgeg. von K. Nothing, 2. Band, Halle 1923.

[33] Kegel: Die gegenseitige Einwirkung zweier benachbarter Bergwerke auf die Wasserführung einer Gegend, S. 405–409, Braunkohle XIII, Halle 1914.

[34] –: Die Rückwirkung aneinanderliegender schwer und leicht durchlässiger Schichten auf die Wasserdruckverhältnisse eines Grundwasserhorizontes, S. 429–432, Braunkohle XXI, Halle 1922.

[35] Kegel, K., Madel, H. und Ohnesorge, A.: Berg- und Aufbereitungstechnik, Band III, Geol. und technol. Grundlagen des Bergbaues Teil I, Bergmännische Wasserwirtschaft (einschl. Grundwasserkunde, Wasserversorgung und Abwässerbeseitigung), 277 Seiten, Halle 1938.

[36] Keil: Probleme des Braunkohlentagebaues, S. 517–537, Braunkohle XXXIII, Halle 1934.

[37] Keilhack, K.: Ergebnisse von Bohrungen H. IV. Mitteilungen aus dem Bohrarchiv der Königl. Geol. LA und Bergak., Jb. d. K. G. LA XXVII für 1906, S. 601–607, Berlin 1909.

[38] –: Grundwasserstudien VI, Über die Wirkungen bedeutender Grundwasserabsenkungen, S. 362–378, Z. f. prakt. Geologie XXI, Halle 1913.

[39] –: Lehrbuch der Grundwasser- und Quellenkunde, 545 Seiten, 2. Aufl., Berlin 1912.

[40] Keilhack, K. und Kegel, K.: Die Zeitdauer der Wiederherstellung der früheren Grundwasserverhältnisse nach Einstellung des Pumpbetriebes in Bergbaugebieten, S. 61–63, Z. d. prakt. Geologie 32, Halle 1924.

[41] – –: Welche Zeiträume sind erforderlich um in Bergbaugebieten nach Einstellung des Pumpbetriebes die früheren Grundwasserverhältnisse wieder herzustellen, S. 773–776, Braunkohle XXII, Halle 1924.

[42] – –: Grundwasserentziehung und Wiederherstellung, S. 441–443, Braunkohle XXIII, Halle 1924.

[43] Klein: Die Entwässerung der Kohle im Geiseltal, S. 377–380, Braunkohle III, Halle 1904.

[44] Klein, G. u. a.: Handbuch für den Deutschen Braunkohlenbergbau, 3. Aufl., I. Bd., Halle 1927; II. Bd., Halle 1935, 1385 Seiten.

[45] Koehne, W.: Einige methodische Fragen der Grundwasserkunde, Mon. Ber., S. 75–91, Z. d. G. G. 77, Berlin 1925.

[46] –: Grundwasserkunde, 314 Seiten, 2. Aufl., Stuttgart 1948.

[47] –: Die zahlenmäßige Ermittlung der Wasserführung von Grundwasserströmen, S. 505–510, Z. d. D. G. G. 85, Berlin 1933.

[48] –: Die bildliche Darstellung als Schlüssel zum Verständnis vieler Grundwasserfragen, S. 74–76, Dt. Wasserwirtschaft 32, H. 4, Stuttgart 1937.

[49] –: Einheitliche Begriffe und Bezeichnungen in der Hydrologie, S. 231–235, Dt. Wasserwirtschaft 33, H. 9, Stuttgart 1938.

[50] Kohl, E.: Grundwasserfragen in der Freyburg–Querfurter Muschelkalkmulde und deren nordöstlichem Randgebiet, S. 753–757, 774–778, Braunkohle XXXIII, Halle 1934.

[51] –: Zu „Grundwasserfragen in der Freyburg–Querfurter Muschelkalkmulde und deren nordöstlichem Randgebiet", S. 106–107, Braunkohle XXXIV, Halle 1935.

[52] Kolbe, H.: Aufbau und Bildung der mitteleozänen Braunkohlenflöze in Mitteldeutschland, Teil I, Allgemeines, S. 183–199, Z. f. prakt. Geologie 45, H. 11, Halle 1937.
Teil II, Beschreibung der einzelnen Braunkohlenreviere, 44 Seiten, Braunkohlenarchiv H. 53, Halle 1939.

[53] Krusch und Fliegel: Gutachten zum Prozeß der Zuckerfrabik Stöbnitz (Bach u. Co.) gegen Anhaltische Kohlenwerke, 54 Seiten, Berlin 24. 11. 1928, unveröffentl. aus den Akten des Geol. Inst. Halle.

[54] KUMM, A.: Das Wasser als Bestandteil des obersten Teiles der Erdkruste, S. 47–97 in: BLANCK, E. Handbuch der Bodenlehre V, Berlin 1930.

[55] LANDGRAEBER, W.: Erfahrungen über neuzeitlichen Schachtabteufungsbetrieb im wasserreichen Buntsandstein, S. 100–107, 116–124, Z. Kali, H. 7, Halle 1917.

[56] LANG, F.: Über eine Kohlenrutschung im Tagebau Leonhardt, S. 129–132, Braunkohle 38, Halle 1939.

[57] –: Bodensenkungen im Gebiet des Tagebaues Leonhardt im Anschluß an das Hochwasser der Geisel im Februar 1940, S. 353–357, Braunkohle 40, Halle 1941.

[58] LANG, R.: Grundwassersenkung bei Bitterfeld und ihre Wiederauffüllung, S. 109–111, Z. f. prakt. Geologie 32, Halle 1924.

[59] –: Grundwasserentziehung und -Wiederherstellung bei Bitterfeld, S. 86–89, Braunkohle XXIII, Halle 1924.

[60] LASPEYRES, H.: Geognostische Mitteilungen aus der Provinz Sachsen, S. 265–360, Z. d. D. D. G. 24, Berlin 1872.

[61] LEHMANN, H.: Die Entstehung der mitteldeutschen Salzkohle, S. 78–81, Die Bergakademie. Freiberger Forschungshefte H 1, Berg- und Hüttenmännischer Tag 1950, Freiberg 1951.

[62] LEHMANN, H. und R.: Die Absenkung des Grundwassers durch den Braunkohlenbergbau, S. 33–38, Braunkohle XXII, Halle 1923.

[63] LEHMANN, R.: Das Diluvium des unteren Unstruttales von Sömmerda bis zur Mündung, S. 89–124, Jb. d. Hall Verb. III, Lief. 3, Halle 1922.

[64] –: Die Deckgebirgsschichten im mitteldeutschen Braunkohlenrevier, S. 479–488, Z. d. D. G. G. 82, Berlin 1930.

[65] –: Die geologischen Verhältnisse der Grubenfelder der A. Riebeckschen Montanwerke, S. 215–252 in: FRANKE, P. A. Riebecksche Montanwerke. Die Geschichte einer mitteldeutschen Bergwerksgesellschaft, München 1933.

[66] LEHMANN, K. und SCHULTZ, FR.: Neuartiges Verfahren zur Abtrocknung eines Braunkohlenflözes, S. 687 bis 692, 708–713, Braunkohle XXXI, Halle 1932.

[67] LOTZE, F.: Gutachten über die Wasserführung des Buntsandsteins in der Ziegelrodaer Forst (für das Kaliwerk Roßleben). Berlin 29. 4. 1936. Unveröffentlicht aus den Akten d. HA Wasserwirtschaft d. Min. f. Land- u. Forstwirtschaft Halle.

[68] –: Über Bewegungen des Wasserstandes in Wasserbohrungen bei Roßleben a. d. Unstrut, S. 177–180, Hydrol. Forsch. 1, Abh. d. Reichsamtes f. Bdforsch. NF H. 209, Berlin 1944.

[69] LUDIN: Gutachten. Beurteilung der hydrol. und technischen Verhältnisse der Wasserversorgung des östlichen Geiseltales. 30 Seiten, Berlin 8. 7. 1931, unveröffentlicht aus den Akten des Geologischen Institutes Halle.

[70] MÜLLER-DELITZSCH, G.: Die geologischen hydrologischen Verhältnisse der Geisel- und Zwölf-Apostelquellen bei St. Micheln- St. Ulrich, S. 257–282, Beiträge z. Geol. v. Thür. 3, Jena 1933.

[71] –: Zu „Grundwasserfragen in der Freyburg- Querfurter Muschelkalkmulde und deren nordöstlichem Randgebiet", S. 105–106, Braunkohle XXXIV, Halle 1935.

[72] –: Gutachten über die Gebäudeschäden am Nöckelschen Mühlengrundstück in Möckerling-Mücheln. 27 Seiten, Naumburg 30. 4. 1936, unveröffentlicht a. d. Akten d. Geol. Inst. Halle.

[73] NAHNSEN, J.: Ein Verfahren zur zahlenmäßigen Bestimmung der Entwässerbarkeit von Sanden, S. 356 bis 358, Braunkohle XXVIII, Halle 1929.

[74] –: Schwimmsand in Theorie und Praxis, S. 353–356, 375–379, Braunkohle XXXII, Halle 1933.

[75] –: Stand und Ziele der Braunkohlen-Montan-Hydrologie, S. 553–561, Braunkohle XXXIV, Halle 1935.

[76] PIATSCHECK, K.: Der Braunkohlenbergbau im Geiseltal und seine Bedeutung für die deutsche Braunkohlenwirtschaft, 174 Seiten, Halle 1923.

[77] –: Aus der Braunkohle, Abschnitt „Aufschluß der Grube Elisabeth, Mücheln", S. 39–51, Halle 1937.

[78] PICARD, E.: Über den Unteren Buntsandstein der Mansfelder Mulde und seine Fossilien, S. 576–622, Jb. d. Königl. Pr. Geol. LA XXX für 1909, Teil I, Berlin 1911.

[79] –: Gutachten über Buntsandsteinbrunnen in der Gemeinde Reinsdorf (Schwarzeichetal). Berlin 3. 10. 1939. Unveröffentlicht a. d. Akten d. HA Wasserwirtschaft d. Min. f. Land- u. Forstwirtschaft, Halle.

[80] –: Gutachten der Reichsstelle für Bodenforschung über Grundwasservorkommen im Geisel- und Leihatal. 45 Seiten, Berlin 5. 6. 1941, unveröffentlicht a. d. Akten d. HA Wasserwirtschaft d. Min. f. Land- u. Forstwirtschaft Halle.

[81] –: Wasserversorgung im Mittleren Buntsandstein im Geiseltal bei Merseburg, S. 181–186, Hydrol. Forsch. 1, Abh. d. Reichsamtes f. Bdforsch. NF H. 209, Berlin 1944.

[82] PIETZSCH, K.: Die Braunkohlen Deutschlands. Handbuch der Geologie und Bodenschätze Deutschlands III. Abteilung: Die Bodenschätze Deutschlands (S. 274–288, Das Geiseltalrevier) Berlin 1925.

[83] PRINZ, E.: Handbuch der Hydrologie, 422 Seiten, 2. Aufl., Berlin 1923.

[84] v. RAUPACH, F.: Beitrag zur Geiseltalforschung, S. 1–18, Abh. d. GLA, Berlin NF H. 214, Berlin 1948.

[85] Röpke. W.: Die Struktur des Löß. S. 43–50, Leopoldina III, Halle 1928.

[86] –: Zur geologischen Geschichte des Geiseltales, 16 Seiten. Das Merseburger Land, Z. d. Vereins f. Heimatkunde i. Merseburg, H. 30, Merseburg 1936.

[87] Rom: Grundwasserabsenkungen und Bodenbewegungsvorgänge im Deckgebirge bei der Grundwasserentziehung. S. 355–357, 367–369, Braunkohle 39, Halle 1940.

[88] Salzmann, W.: Das Braunkohlenvorkommen im Geiseltal mit besonderer Berücksichtigung der Genesis, 105 Seiten, Archiv f. Lagerstättenforschung, H. 17, Berlin 1914.

[89] Santelmann: Die Hallischen Braunkohlenlager in der Nietleben-Bennstedter Mulde, S. 533–541, 576–584, 616–625, Braunkohle XXIV, Halle 1925.

[90] Scheidig, A.: Der Löß und seine geotechnischen Eigenschaften, 204 Seiten, Dresden, Leipzig 1934.

[91] –: Gutachten über die Ursachen der Kippenrutschung vom 13. 10. 42 im Tagebau Leonhardt. 4 Seiten, Naumburg 12. 2. 1943. Unveröffentlicht a. d. Akten d. Geol. Inst. Halle.

[92] Schmidt, R.: Die Entwässerung des Braunkohlengebirges durch Bohrlöcher, S. 536–537, Braunkohle XII, Halle 1913.

[93] Schneider, H.. Über die Zusammenhänge von Korngrößenzusammensetzung, Durchlässigkeit, Mächtigkeit und Leistung von Grundwasserträgern mit freiem Spiegel in unverfestigten Sedimenten, S. 64–68, 81–84, Gesundheitsingenieur 64, München 1941.

[94] Scupin, H.: Grundwasser im Löß, S. 85–86, Z. f. prakt. Geologie 36, Halle 1928.

[95] –: Zur Nomenklatur des Grundwassers und verwandter Begriffe, S. 101–104, Z. f. prakt. Geologie 43, Halle 1935.

[96] Siegert, L. und Weissermel, W: Das Diluvium zwischen Halle/Saale und Weißenfels. 350 Seiten, Abh. d. K. Pr. Geol. LA NF H. 60, Berlin 1911

[97] Sonntag: Praxis und Theorie der Entwässerung der Braunkohlenlager durch Horizontalbohrlöcher, S. 17 bis 21, 33–39, Braunkohle XIII, Halle 1914.

[98] Thiem, G.: Die Aufgaben der Montanhydrologie, S. 237–240, Braunkohle XXI, Halle 1922.

[99] –: Grubenwasserhaltung und ihre Wirkung auf die Umgebung, S. 656–658, Braunkohle XXI, Halle 1922.

[100] –: Die Grundwasserströme in und um Leipzig und ihre Verwertung S. 633–639, 653–656, Braunkohle XXXIV, Halle 1935.

[101] –: Verbindung einer Wasserhaltung und einer Wasserversorgung bei einem aufgelassenen Tagebau, S. 33 bis 38, Braunkohle XXXVI, Halle 1937

[102] Treptow, M.: Aufschluß neuzeitlicher Braunkohlentagebaue, S. 705–730, Braunkohle XXX, Halle 1931.

[103] Verzeichnis der Bergbehörden und Bergwerksunternehmungen des Reiches und der Länder, Z. Berg., Hütten- und Salinenwesen i. Dt. Reich, 88./89. Jg., Berlin 1940/41.

[104] Vetter, H.: Zur Entstehung der mitteldeutschen Braunkohlenformation und daran sich anknüpfende Fragen, S. 217–221, Braunkohle XXXI, Halle 1932.

[105] Voss, R.: Die palaeogeographische Verbreitung des Rogensteins im Deutschen Buntsandstein, 66 Seiten, Abh. d. Pr. Geol. LA NF H. 107, Berlin 1928.

[106] Walther, J.: Das Gesetz der Wüstenbildung, 342 Seiten, Leipzig 1912.

[107] –: Salzlagerstätten und Braunkohlenbecken in ihren genetischen Lagerungsverhältnissen, S. 11–15, Jb. d. Hall. Verb. 1, Halle 1919.

[108] Weigelt, H.: Die Kohlenaufpressungen in den Geiseltalgruben „Leonhardt", „Pfännerhall" und „Rheinland". S. 68–99, Jb. d. Hall. Verb. 7, Halle 1928.

[109] –: Kartographische Darstellungen der Kohlenaufpressungen in den Geiseltalgruben „Leonhardt", „Pfännerhall" und „Rheinland". S. 75–78, Jb. d. Hall. Verb. 8, Halle 1929.

[110] Weigelt, J.: Der tektonische Unterbau der mitteldeutschen Hauptscholle, S. 14–70, Beitr. z. Landeskunde Mitteldeutschlands. Festschr. z. 23. Dt. Geographentage in Magdeburg, Braunschweig 1929.

[111] –: Zur erdgeschichtlichen Problematik der älteren Braunkohlenformation Mitteldeutschlands, S. 5–11, Jb. d. Hall. Verb. NF 9, Halle 1930.

[112] –: Der geologische Bau des Geiseltales, S. 507–518, Z. d. D. G. G. 82, H. 8, Berlin 1930.

[113] –: Was bedeuten die Hallischen Geiseltalforschungen für die Praxis des Braunkohlenbergbaues? S. 893 bis 899, 911–919, 928–935, Braunkohle XXXV, Halle 1936.

[114] –: Die mitteldeutsche Braunkohle und ihr tektonischer Bildungsraum, S. 601–622, Braunkohle XXXVI, Halle 1937.

[115] –: Geol. Gutachten üb. d. Errichtung eines Katastrophenhochwasser Rückhaltebeckens i. Tgb. d. ehem. Grube Pauline b. Mücheln. 55 Seiten, Halle 24. 9. 1941. Unveröffentlicht a. d. Akten d. Geol. Inst. Halle.

[116] Weissermel, W.: Über Exkursionen auf den Blättern Weißenfels und Merseburg-West, S. 30–38, Jb. d. K. Pr. Geol. LA XXX für 1909, Teil II, H. 1, Berlin 1912.

[117] –: Zur Genese des Dt. Braunkohlentertiärs, besonders der mitteldeutschen älteren Braunkohlenformation, S. 14–45, Z. d. D. G. G. 75, Berlin 1923.

[118] –: Zur Geologie des Geiseltales mit besonderer Berücksichtigung der Braunkohle, S. 257–291, Z. d. D. G. G. 82, H. 5, Berlin 1930.

[119] –: Bemerkungen z. Vortrag v. R. HERRMANN, S. 534, Z. d. D. G. G. 82, Berlin 1930.

[120] WÜST, E.: Die Fossilführung des Mittleren Buntsandsteins der Mansfelder Mulde, S. 109–126, Z. f. Naturwissenschaften 79, Stuttgart 1907.

[121] –: Die erdgeschichtliche Entwicklung und der geologische Bau des östlichen Harzvorlandes, S. 387–494 in: ULE, Heimatkunde des Saalkreises, Halle 1909.

[122] ZIMMERMANN, I. E.: Querprofil durch Thüringen von Suhl bis Halle. S. 71–77 Mon. Ber. Nr. 3/4, Z. d. D. G. G. 74, Berlin 1922.

[123] ZINCKEN, C. F.: Physiographie der Braunkohle. 818 Seiten, Hannover 1867.

[124] –: Ergänzungen zur Physiographie der Braunkohle. 257 Seiten, Halle 1871.

[125] ZUNKER, F.: Das Verhalten des Bodens zum Wasser, S. 6–220 in: BLANCK, E., Handbuch der Bodenlehre VI, Berlin 1930.

Karten:

Geologische Spezialkarte im Maßstab 1:25000 herausgeg. von der Geol. LA Berlin

[126] Bl. Freyburg a. U. bearb. v. O. SPEYER L. 19, Berlin 1882.

[127] Bl. Halle-Süd bearb. v. W. WEISSERMEL, L. SIEGERT, L. FINCKH und E. FULDA L. 52, 2. Aufl., Berlin 1928.

[128] Bl. Merseburg-West bearb. v. W. WEISSERMEL L. 52, Berlin 1909.

[129] Bl. Nebra (Bibra) bearb. v. O. SPEYER L. 19, Berlin 1882.

[130] Bl. Querfurt bearb. v. O. SPEYER L. 19, Berlin 1882.

[131] Bl. Schafstädt bearb. v. O. SPEYER L. 19, Berlin 1882.

[132] Bl. Schraplau (Teutschenthal) bearb. v. K. v. FRITSCH L. 19, Berlin 1882.

[133] Bl. Weißenfels bearb. v. W. WEISSERMEL L. 146, Berlin 1908.

[134] Bl. Ziegelroda bearb. v. W. DAMES L. 19, Berlin 1882.

[135] Geol. Übersichtskarte v. Deutschland Bl. 114 Halle (1:200000) bearb. v. E. ZIMMERMANN, Berlin 1924.

[136] Karte der nutzbaren Lagerstätten Deutschlands Lief. XII Bl. Halle (1:200000) bearb. v. E. KOHL und E. FULDA, Berlin 1922.

Anlage 1

Abgedeckte geologische Karte der Querfurt-Freyburg-Naumburger Muschelkalkmulde mit Tiefbohrungen und Tiefbrunnen

gezeichnet nach der geologischen Übersichtskarte 1 : 200000 Blatt Halle/Saale

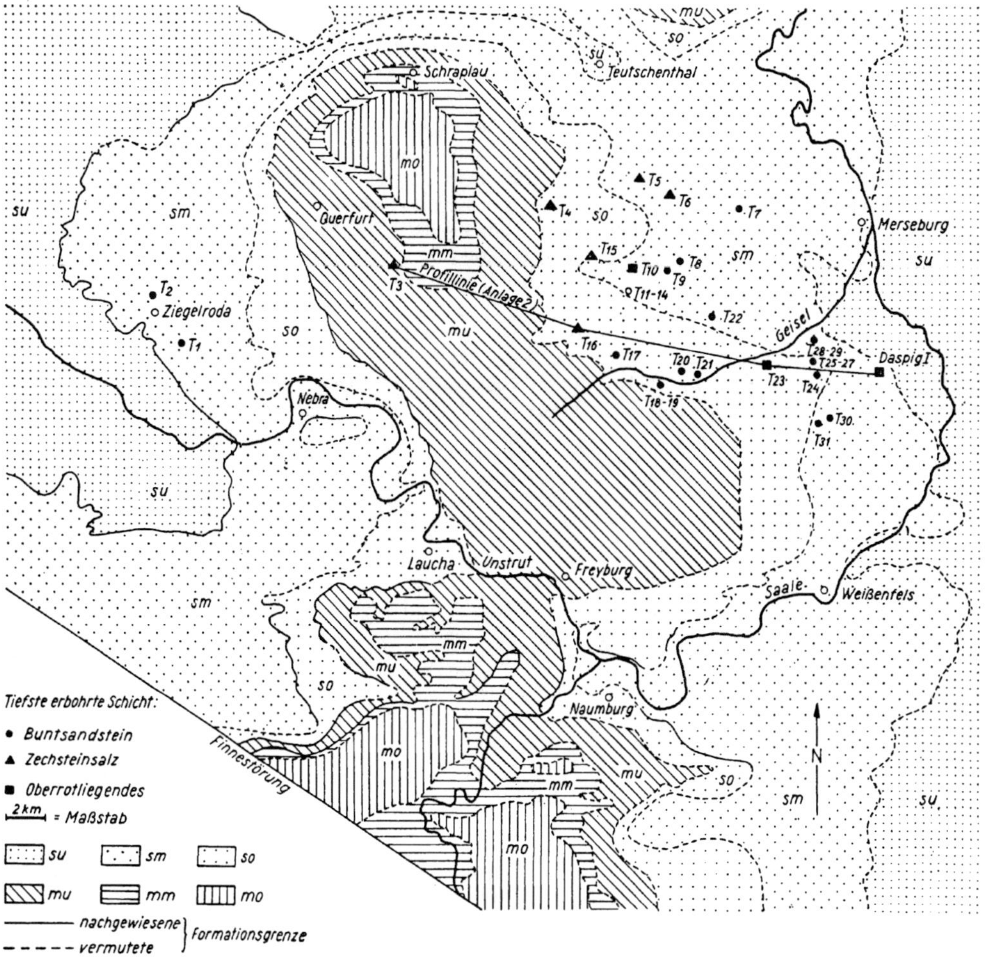

T_1 WangenerGrund	T_9 Niederklobikau I	T_{21} Leonhardt
T_2 Ziegelroda	T_{10} Oberklobikau	T_{22} Neumark I
T_3 Göhrendorf	T_{11-14} Elise F—J	T_{23} Frankleben
T_4 Schafstädt	T_{15} Oberwünsch	T_{24} Beuna I
T_5 Großgräfendorf	T_{16} Schmirma	T_{25-27} Beuna II—IV
T_6 Schotterey	T_{17} Stöbnitz	T_{28-29} Beua 43/49 und 62/50
T_7 Milzau	T_{18-19} Lützkendorf I u. II	T_{30} Großkayna I
T_8 Niederklobikau II	T_{20} Cecilie	T_{31} Großkayna II

Anlage 2

Ost-West-Profil durch das Geiseltal von Daspig bis Göhrendorf

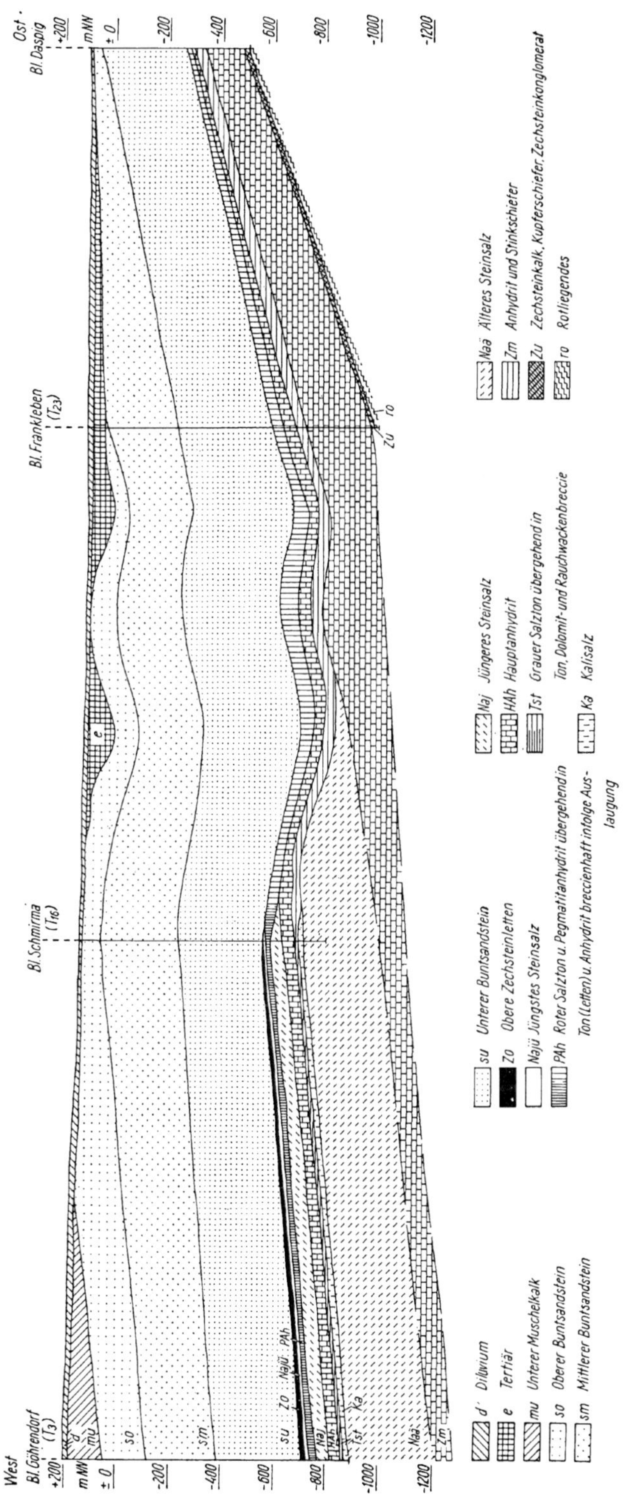

Anlage 3

Skizze der Braunkohlengruben im Geiseltal mit Angaben ihrer Betriebseröffnung und Stillegung

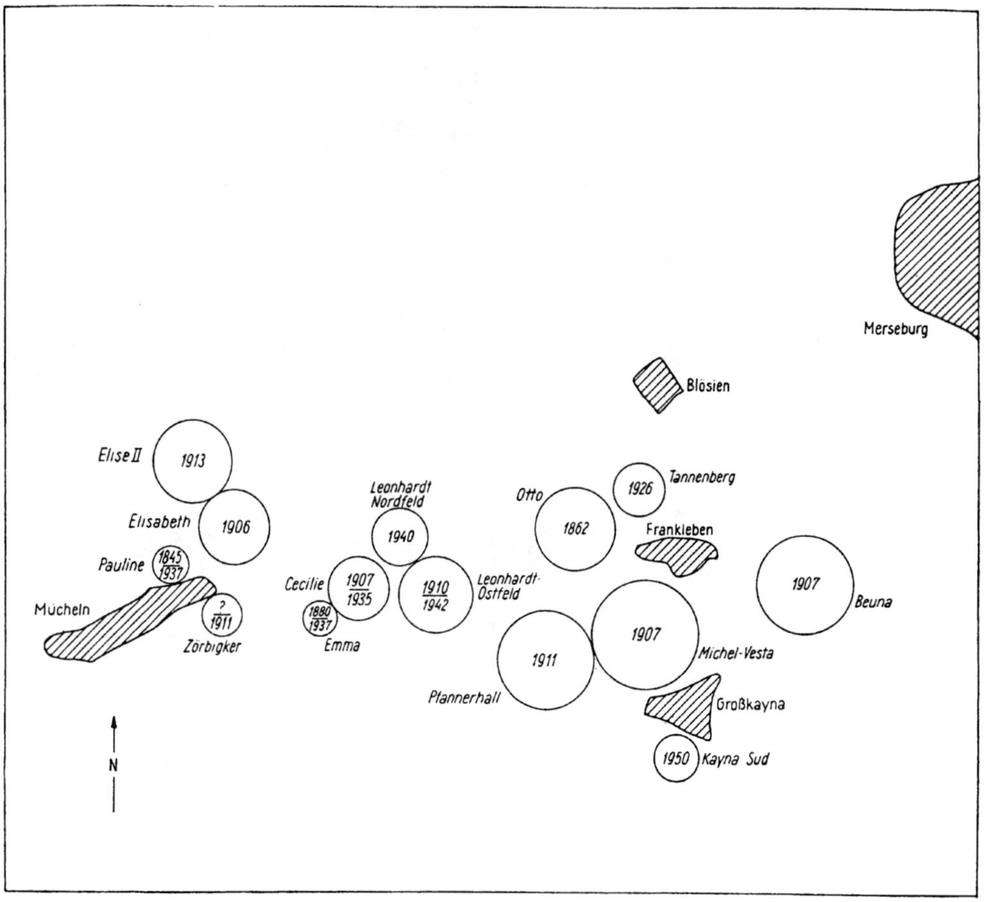

Anlage 4

Zusammenstellung der Geiseltal-Braunkohlengruben

Lfd. Nr.	Alte Bezeichnung	Betriebs-eröffnung	Erster Besitzer	Spätere Zugehörigkeit	Heutige Zugehörigkeit oder stillgelegt im Jahre
1	Pauline „N Nr. 21 in Stöbnitz"	1845	v. HELLDORF, St. Ulrich	Badische Anilin- und Sodafabrik (ab 1917). Dt. Grube	1937
	„N Nr. 29 in Zörbigker"	im 19. Jahrh.	Rittergutsbesitzer C. BRAUN in Zörbigker		1911
2	Elisabeth	1906	Anhaltische Kohlenwerke (AKW)	Verwaltungsgemeinschaft mit d. Werschen-Weißenf. Braunkohlen AG.	Mücheln I
3	Elise II	1913	Gewerkschaft Elise II	Dt. Grube	Mücheln II
4	Emma (mit alter Grb. N. 377 b. Lützkendorf	1880	Dörstewitz-Rattmannsdorfer Braunkohlen-Industrie-Gesellschaft	Dt. Grube	1937
5	Cecilie	1907	Gewerkschaft Christoph-Friedrich	Werschen-Weißenf. Braunkohlen AG. (ab 1932). Später Wintershall AG	1935
6	Leonhardt	1910/11	Gewerkschaft Leonhardt	Michelwerke	Neumark-West
7a	Otto (Nr. 353 b. Körbisdorf)	1862 Tiefb. 1903 Tgb.	Zuckerfabrik Körbisdorf AG.	Dt. Grube	Neumark-Süd
7b	Tannenberg	1926	Zuckerfabrik Körbisdorf AG.	Dt. Grube	Neumark-Ost
8	Pfännerhall	1911/12	Consol. Hallesche Pfännerschaft	Abt. d. Mansfeld AG.	Kombinat Pfännerhall SAG-Betrieb
9	Beuna	1907	Dt.-Österreichische Braunkohlen AG. Dresden	Vereinigte Kohlen AG Dresden, Pächter: Dt. Erdöl AG. Borna	Großkayna Tgb.-Feld Beuna
10a	Rheinland	1907	Gewerkschaft Michel	Michel-Vesta. Mit Gute Hoffnung, Roßbach u. Leonhardt: Michelwerke	Großkayna
10b	Vesta	1912	Gewerkschaft Vesta	Michelwerke	Großkayna
11	Kaynaer Kohlen-Werke	vor 1922 u. 1940/50	Vereinigte Kohlen AG. Dresden	—	Kayna-Süd (Neuaufschluß)

Anlage 5

Wasserhebung der Braunkohlengruben von Beginn bis zum Jahre 1950 (m³/min)

Lfd. Nr. / Tgb. / Jahr	1 Pauline v. 1845	2 Elisabeth	3 Elise II	4 Emma v. 1880	5 Cecilie	6 Leonhardt	7 Otto-Tanbg. v. 1862	8 Pfännerhall	9 Beuna	10 Michel-Vesta	11 Kayna Süd	Summe der geh. Wasser
1905	(0,7)	—	—	(0,5)	—	—	(3,0)	—	—	—	—	4,20
1906	(0,7)	(2,5)	—	(0,5)	—	—	(3,0)	—	—	—	—	6,70
1907	(0,7)	(2,5)	—	(0,5)	(0,6)	—	3,000	—	2,000	3,300	—	12,60
1908	(0,7)	(2,5)	—	(0,5)	(0,6)	—	3,000	—	2,300	4,000	—	13,60
1909	(0,7)	(2,5)	—	(0,5)	(0,6)	—	3,000	—	3,000	5,000	—	15,30
1910	(0,7)	(2,5)	—	(0,5)	(0,6)	0,500	2,500	—	3,200	6,000	—	16,50
1911	(0,7)	(2,5)	—	(0,5)	(0,6)	1,000	2,000	2,000	3,350	6,000	—	18,70
1912	(0,7)	(2,5)	—	(0,5)	(0,6)	1,660	2,000	2,000	3,500	6,000	—	19,50
1913	(0,7)	(2,5)	(2,5)	(0,5)	(0,6)	1,300	2,000	2,000	3,500	6,000	—	21,60
1914	(0,7)	(2,5)	(2,5)	(0,5)	(0,6)	0,932	1,712	2,169	2,673	6,011		20,30
1915	(0,7)	(2,5)	(2,5)	(0,5)	(0,6)	0,538	2,070	2,350	1,905	5,735	?	19,40
1916	(0,7)	(2,5)	(2,5)	(0,5)	(0,6)	0,568	1,835	2,227	1,591	5,147	?	18,17
1917	(0,7)	(2,5)	(2,5)	(0,5)	(0,6)	0,683	1,790	2,108	1,880	4,920	?	18,18
1918	(0,7)	(2,5)	(2,5)	(0,5)	(0,6)	0,730	1,670	1,880	1,970	5,030	?	18,08
1919	(0,7)	(2,5)	(2,5)	(0,5)	(0,6)	0,390	1,550	1,550	2,170	4,610	?	17,07
1920	(0,7)	(2,5)	(2,5)	(0,5)	(0,6)	0,440	1,760	2,110	2,210	4,070	(0,5)	17,89
1921	(0,7)	(2,5)	(2 5)	(0,5)	(0,6)	0,540	2,240	2,880	2,310	4,030	(0,5)	19,30
1922	(0,7)	(2,5)	(2,5)	(0,5)	(0,6)	0,440	1,690	3,620	1,470	3,700	(0,5)	18,22
1923	(0,7)	(2,5)	(2,5)	(0,5)	(0,6)	0,510	1,750	5,280	1,610	3,110	(0,5)	19,56
1924	(0,7)	(2,5)	(2,5)	(0,5)	(0,6)	0,939	1,540	7,335	1,880	2,850	(0,5)	21,84
1925	(0,7)	(2,5)	(2,5)	(0,5)	(0,6)	0,946	1,643	6,158	1,470	1,510	(0,5)	19,03
1926	(0,7)	(2,5)	(2,5)	(0,5)	(0,6)	1,130	1,670	6,186	1,310	0,901	(0,5)	18,50
1927	(0,7)	(2,5)	(2,5)	(0,5)	(0,6)	1,260	2,510	5,880	1,220	0,960	(0,5)	19,13
1928	(0,7)	(2,5)	(2,5)	(0,5)	(0,6)	0,990	3,304	5,389	1,218	1,905	(0,5)	20,11
1929	(0,7)	(2,5)	(2,5)	(0,5)	(0,6)	0,997	3,537	5,231	1,700	3,036	(0,5)	21,80
1930	(0,7)	(2,5)	(2,5)	(0,5)	(0,6)	1,087	2,978	3,735	1,747	2,724	(0,5)	19,57
1931	(0,7)	(2,5)	(2,5)	(0,5)	0,600	(1,1)	(2,6)	2,856	1,570	2,404	(0,5)	17,83
1932	(0,7)	(2,5)	(2,5)	(0,5)	(0,6)	(1,1)	(2,6)	2,606	1,510	2,338	(0,5)	17,45
1933	(0,7)	(2,5)	2,493	(0,5)	(0,6)	0,296	(2,6)	2,346	1,360	1,769	(0,5)	15,66
1934	(0,7)	(2,5)	2,001	(0,5)	(0,6)	0,234	(2,6)	2,308	1,260	1,241	(0,5)	14,44
1935	(0,7)	(2,5)	(2,5)	(0,5)	—	0,253	(2,6)	2,487	1,260	1,895	(0,5)	15,20
1936	(0,7)	(2,5)	2,454	(0,5)	—	0,294	4,489	2,635	1,320	1,888	(0,5)	17,28
1937	—	(2,5)	2,645	—	—	0,840	4,671	2,794	1,460	1,980	(0,5)	17,39
1938	—	(2,5)	3,280	—	—	0,892	4,353	2,796	1,080	2,060	(0,5)	17,46
1939	—	(2,5)	(2,5)	—	—	1,298	3,377	2,576	2,190	2,181	(0,5)	17,12
1940	—	2,139	3,011	—	—	2,041	3,096	3,666	1,870	2,181	(0,5)	18,50
1941	—	2,125	3,075	—	—	2,985	4,075	3,650	2,370	2,484	(0,5)	21,26
1942	—	2,185	3,135	—	—	1,924	3,346	3,398	3,380	2,118	(0,5)	19,99
1943	—	2,150	3,100	—	—	1,999	3,278	2,745	4,070	2,765	1,361	21,47
1944	—	2,165	3,115	—	—	2,103	2,608	3,085	3,800	2,760	2,297	21,93
1945	—	1,807	3,373	—	—	1,900	2,501	2,736	3,630	2,900	0,772	19,62
1946	—	2,130	3,100	—	0,452	1,850	2,672	2,736	3,530	2,912	0,788	20,17
1947	—	2,326	2,749	—	0,226	2,110	2,763	1,990	3,640	3,218	0,655	19,68
1948	—	2,670	2,990	—	0,349	1,892	2,998	2,178	3,560	3,246	1,072	20,96
1949	—	2,000	3,040	—	2,400	1,736	2,811	2,779	3,108	2,720	5,338	25,93
1950	—	2,043	2,717	—	1,514	1,153	1,932	2,880	2,488	2,881	8,804	26,41

Geschätzte Durchschnittswerte in Klammern.

Anlage 6

Wasserhebung der Braunkohlengruben. Durchschnitt und im Jahre 1950 (m^3/min)

Lfd. Nr.	Tagebau	Langjähriger Durchschnitt				im Jahre 1950						
		Jahre	Insgesamt	Rücklauf-wasser	echtes Grundw.	Hangend-wasser	Liegend-wasser	Flözwasser	Sonstige Wasser	Insgesamt	Rücklauf-wasser	echtes Grundw
1	Pauline	?	(0,7)	?	(0,7)	—	—	—	—	—	—	—
2	Elisabeth = Mücheln I	1940/50	2,160	?	2,160	1,362	—	0,681	—	2,043	—	2,043
3	Elise II = Mücheln II	1933/50	2,892	?	2,892	0,021	0,296	?	← 2,400	2,717	—	2,717
4	Emma	?	(0,5)	?	(0,5)	—	—	—	—	—	—	—
5	Cecilie	?	(1,5)	1,000	(0,5)	—	—	0,514	1,000	1,514	1,000	0,514
6	Leonhardt = Neu-mark-West	1910/50	1,112	—	1,112	0,050	—	1,103	—	1,153	—	1.153
7	Otto-Tannenberg = Neumark-Süd u Ost	1903/50	2,645	—	2,645	—	0,250	1,650	0,032	1,932	—	1,932
8	Pfännerhall	1911/50	3,207	—	3,207	(0,04)	—	(2,84)	—	2,880	—	2,880
9	Beuna	1907/50	2,256	1,000	1,256	0,500	0,988 →	?	1,000	2,488	1,000	1,488
10	Michel-Vesta = Großkayna	1907/50	3,207	0,500	2,707	0,040	0,400	?	← 2,441	2,881	0,500	2,381
11	Kayna-Süd	1943/50	2,636	—	2,636	(6,000)	—	(2,804)	—	8,804	—	8,804
	Summe der Wasser-hebung		22,815	2,500	20,315	8,013	1,934	9,592	6,873	26,412	2,500	23,912

Geschätzte Durchschnittswerte in Klammern

Anlage 7

Geologische Schichten im Buntsandstein auf dem Nordflügel des Roßlebener Sattels

Aufgestellt von Prof. Dr. F. Lotze, Berlin-Hermsdorf

	m	Schicht	Zyklus	neuer Horizont
Sandsteinbänke mit Zwischenlagen von blaugrauen plastischen Tonen	1	44	D_{II} = 3 m	V b
Ton blaugrau bläulich mit vorwiegenden Sandlagen	1	43		
Sandstein kiesig mit Kreuzschichtung	25	42	D_{I} = 25 m	V a
Letten bunt, oben blaugrau	4—5	41	C_{II} = 4 m	IV b
Sandstein rot und grau grobkörnig mit eingeschalteten Tonlagen, Sandstein mit Kreuzschichtung	25	40	C_{I} = 22 m	IV a
Sandsteinbänke rot mit Zwischenschichten von roten Letten	22—30	39	B_{II} = 20—30 m	III b
Ton leuchtend rot scheinend	5	38		
Sandstein rot, auch hell mit roten Tonschieferzwischenlagen	26	37	B_{I} = 60 m	
Letten sandig und Tone	6	36		
Sandsteinpartien fest über mehr tonigen Schichten (32), mürbe Sandsteine, darüber feste Sandsteine (33), (34) mürbe Sandsteine mit Ton durchsetzt, (35) feste Sandsteine	30	35 32		III a
Tone sandig und Letten	4,5—5	31	A_{II} = 31 m	II b
Sandstein hellgrau fest	5—8	30		
Haupthorizont des Mittleren Buntsandsteins, Tone und sandige Letten, für Wasser undurchlässig, Ton oft schmierig u. rötähnlich	20	29		
Sandsteinbänke fest	2—3	28	A_{I} = 45—100 m	II a
Sandstein mürbe von sandigen Letten durchwachsen	12	27		
Sandstein mittel-großkörnig gebankt	20	26		
Sandsteinbänke fest	1	25		
Sandsteinzone tonig, etwas mürbe u. reich an Lettenzwischenschichten	4 5	24		
Sandsteine fest	1	23		
Sandstein teilweise in Letten übergehend, geringe Wasserdurchlässigkeit	4—5	22		I b
Sandsteinbänke fest	2	21		
Sandstein mittelkörnig mit Zwischenlagen von rötlichen Letten, nach oben grobkörnige, feste reine Sandsteine	20	20		
Sandsteine fest	4	19		I a
Sandsteine weniger fest, nach oben zu tonig	8	18		
Letten rot tonig wasserundurchlässig, zuweilen mit dünnen Sandsteinbänken	15	17	su	
Sandstein	bis 5	16		
Letten	etwa 10	15		
Sandsteinbänke fest	bis 2	14		
Letten vorwiegend	10—12	13		
Sandsteinbänke fest, z. T. in Sandstein übergehend	etwa 2	12		
Untere, feste, gebankte Sandsteine und Lettenlagen darüber verwachsene Sandsteine und Letten	etwa 5	11		
Letten mit Sandsteinbänken, bzw. lettendurchwachsene Sandsteinbänke	etwa 8	10		
Sandsteinbänke stellenweise auskeilend	1	9		
Letten, teilweise als roter Ton	etwa 4	8		

Fortsetzung: Anlage 7

	m	Schicht	Zyklus	neuer Horizont
Sandstein unten rot, oben gelblichgrau bis weiß, als großkörnige Sandsteinbank	etwa 5	7		
Letten, unten hell, feinschichtig sandig schiefrig; nach oben violette Schiefer, dann rote Letten mit plastischen Sandsteinbänken folgend	etwa 8	6		
Sandsteine fest mit Zwischenlagen von roten Schieferletten	etwa 5	5		
Schiefertone rot mit unbedeutenden Sandsteinbänken	12—14	4		
Sandsteinbänke z. T als grobkörnige Kalksandsteine nur mit Rogenstein	etwa 3	3		
Letten, unten dünnschichtige sandige Schiefer, nach oben in rote Letten übergehend	10—12	2		
Grenzrogenstein, hellgraue bis grüngraue Sandsteinbänke durchsetzt von grauen sandigen Letten; lagenweise grobоolithische Rogensteine	etwa 6	1		

(Weitere Schichten des Unteren Buntsandsteins wurden nicht untersucht.)

Anlage 8

Tabelle der Schichtenfolge des Mittleren Buntsandsteins

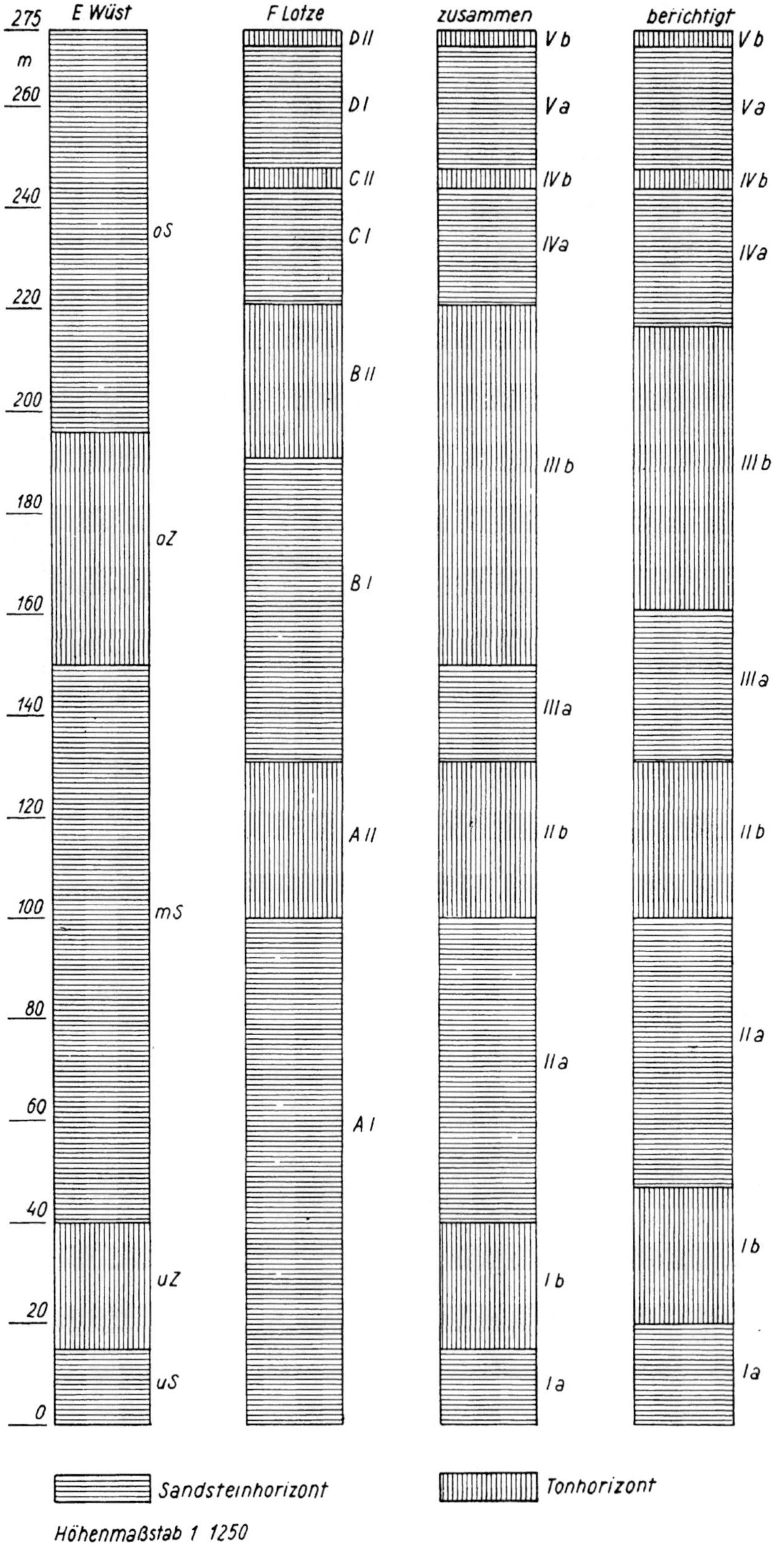

Anlage 9

T 24 Brunnenbohrloch Beuna I (1935)

Im Tagebau Beuna, etwa 500 m südlich der Fabrik
Blatt Merseburg-West r 97395 h 85395 Gok. 73,86 m NN
Brunnensohle: 93,70 m = – 19,84 m NN
Bearbeiter. W. Röpke, E. Picard

Teufe bis m			
0,80	Aufgefüllter Boden	e	
2,00	Feinsand hellbraun tonig		
3,20	Ton mager		
8,50	Sand fein geschichtet		
9,80	Braunkohlensand grob		
19,00	Feinsand tonig mit Pflanzenresten		
20,30	Sand tonig durch Braunkohle gefärbt		
26,00	Ton bräunlich sandig		
26,60	Sand feinkörnig tonig durch Braunkohle gefärbt		
27,20	Sand tonig		
30,00	Braunkohlenton		
33,70	Ton weiß bis bräunlich fett		
34,50	Sand hellbraun tonig		
35,50	Sand dunkelbraun tonig		
36,20	Ton sandig mit Braunkohleschmitzen		
37,70	Ton weiß sandig		
38,30	Sand braun tonig		
41,80	Ton weiß fett		
43,20	Sand tonig mit Schwefeleisen		
44,00	Ton sandig mit Schwefeleisen		
47,40	Ton grün mit Schwefeleisen		
47,90	Schwefeleisenkonkretion mit Pflanzenresten		
49,50	Sand tonig mit Schwefeleisen		
53,70	Ton grün sandig mit Schwefeleisen		
54,20	Braunkohlenton		
59,50	Ton grün sandig		
60,50	Quarzkies grob		
63,40	Sand grün tonig		
64,20	Kies grob durch Schwefeleisen verfestigt		
70,00	Ton grau sandig durch Kieselsäure verfestigt		
71,30	Kalk dolomitisch mit Myophoria costata und Monotis Albertii	so	
72,50	Letten grün		
73,00	Kalk porös		
80,00	Tonmergel (Letten) grün		
81,00	Ton (Letten) bunt		
81,40	Letten grün		
82,00	Tonmergel grün mit Dolomit		
93,00	Sandstein weiß mit Tonschichten wasserführend	sm	Vb–Va
93,70	Sandstein grünblau mit roten Tonzwischenschichten		

Wasserspiegel vor Inbetriebnahme: Überlauf bei 73,86 m NN
Wasserspiegel abgesenkt (Mittel): 39,60 m = 34,26 m NN
Das Gelände wurde bis 1950 aufgehöht auf etwa 80,00 m NN
Brunnen 1945 und 1946 zusammengebrochen.

Anlage 10

T 25 Brunnenbohrloch Beuna II (1937/38)

Im Gelände der Brikettfabrik Beuna
Blatt Merseburg-West r 97448 h 86378 Gok. 106,43 m NN
Brunnensohle: 102,30 m = + 4,13 m NN
Bearbeiter: E. Picard

Teufe bis m			
1,00	Schwarzerde kalkfrei	d	
3,00	Löß		
5,00	Geschiebelehm		
7,50	Sand gelb scharf		
9,00	Geschiebesand kalkhaltig		
15,00	Ton grau	e	
20,00	Ton grauschwarz sandig glimmerhaltig		
23,50	Tonmergel grau feinschichtig		
30,00	Kalkstein oolithisch fossilführend		
35,00	Ton hell- und dunkelgrau sandig glimmerhaltig	so	
40,00	Ton hellgrau schiefrig glimmerhaltig		
45,00	Schiefermergel sandig glimmerhaltig		
50,00	Ton grün glimmer- und kalkhaltig		
60,00	Mergel hellgrau sandig und schieferig		
63,00	Kaolinsandstein weiß mittelkörnig mürbe	sm	Vb
68,00	Ton hellgrau sandig		
73,00	Kaolinsandstein feinkörnig mürbe		Va
77,00	Kaolinsandstein gröber		
78,00	Ton hellgrau rotfleckig feinsandig		IVb
85,00	Ton rötlichgrau sandig		
100,00	Sandstein hellgrau feinkörnig tonig		IVa
102,30	Ton tiefrot sandig		

Wasserspiegel vor Inbetriebnahme: 8,00 m = 98,43 m NN
Wasserspiegel abgesenkt (Mittel): 46,90 m = 59,53 m NN
Brunnen 1945 und 1947 zusammengebrochen.

Anlage 11

T 26 Brunnenbohrloch Beuna III (1947/48)

Im Gelände der Brikettfabrik Beuna 80 m westlich von Brunnen II
Blatt Merseburg-West r 97368 h 86378 Gok. etwa 106 m NN
Brunnensohle: 113,25 m = – 7,25 m NN
Bearbeiter: –

Teufe bis m			
8,00	Kies gelb lehmig	d	
9,30	Kies grau grob		
12,70	Ton grau sandig hart	e	
15,50	Ton blau sandig hart		
20,00	Ton grau hart und Sandstein		
25,00	Ton grau und Sandstein		
36,50	Sandstein hart mit kleinen Lettenschichten	so	
40,00	Letten hellgrau hart		
42,50	Letten graugrün		
56,00	Sandstein grau mit Letten und kleinen Sandschichten		
63,00	Sandstein grau sehr hart	sm	Va
72,20	Sandstein grau hart mit kleinen Sandschichten		
81,00	Buntsandstein rot mit kleinen Letten und Sandschichten		IVb
86,00	Buntsandstein grau mit kleinen Letten und Sandschichten		IVa

89,50	Buntsandstein rot mit kleinen Letten und Sandschichten		
93,50	Buntsandstein grau mit kleinen Letten und Sandschichten		
96,50	Buntsandstein grau hart		
98,00	Letten graubraun mit Sandstein		
105,80	Buntsandstein grau mit Letten		
113,25	Letten rot mit Sandstein		IIIb

Wasser angebohrt bei 5,80 m = etwa 100,20 m NN
Wasserspiegel vor Inbetriebnahme 8,68 m = etwa 97,32 m NN
Wasserspiegel abgesenkt 23,00 m = etwa 83,20 m NN
Brunnen 1948 zusammengebrochen.

Anlage 12

T 27 Brunnenbohrloch Beuna IV (1949)

Im Gelände der Brikettfabrik Beuna zwischen den Eisenbahngleisen
Blatt Merseburg-West r 97231 h 86528 Gok. 105,92 m NN
Brunnensohle: 104,95 m = + 0,97 m NN
Bearbeiter: BKV Merseburg

Teufe bis m			
0,60	Mutterboden	a	
3,75	Lehm	d	
5,65	Grobkies grau		
5,85	Lehm gelb mit Grobkies		
7,60	Mittelkies gelb und Sandstein	e	
8,00	Feinkies grau		
9,30	Mittelkies grau		
9,50	Feinsand gelb		
12,60	Ton grau weich fett	so	
12,80	Mittelkies grau mit Ton		
13,00	Dolomitbänke grau sehr hart		
14,80	Ton grau fest		
16,00	Kalkstein grau hart		
18,40	Ton grau fett		
19,20	Kalkstein grau hart		
35,00	Ton grau hart		
37,00	Ton gelb weich		
37,30	Ton blaugrau weich		
48,80	Sandstein grau hart	sm	Va
58,60	Sandstein grau sehr hart		
61,60	Sandstein grauweiß mit Letten		IVb
63,00	Letten rot weich		
81,00	Sandstein rot		
88,40	Sandstein rot und roter Ton		
90,20	Sandstein rot mit Letten		IVa
104,20	Sandstein rot wasserführend		IIIb
104,95	Sandstein rot mit Ton		

Wasser angebohrt bei 7,60 m = 98,32 m NN
und 90,20 m = 15,72 m NN

Anlage 13

T 28 Bohrloch 43/49 der Grube Beuna

In der Kolonie Oberbeuna
Blatt Merseburg-West r 97025 h 87125 Gok. 105,10 m NN
Brunnensohle: 51,00 m = 54,10 m NN
Bearbeiter: BKV Merseburg

Teufe bis m			
0,80	Mutterboden	a	
3,20	Löß	d	
4,40	Geschiebemergel gelb wasserführend		
9,00	Kies fest		
11,50	Kies grau grob	e	
12,30	Sand grau scharf fest		
14,30	Sand graugrün tonig		
15,90	Ton braun sandig mit Glimmer	sm	IIIb
22,00	Sand grau tonig fest		
23,20	Buntsandstein wasserführend		IIIa
24,00	Letten rot mit umgelagerten Sandstein		
25,50	Buntsandstein wasserführend		
27,30	Buntsandstein hart		
27,60	Letten rot		
29,90	Buntsandstein hart		
30,50	Sandstein grau mürbe		
33,20	Buntsandstein hart wasserführend		
33,50	Letten rot		
35,30	Buntsandstein mittelhart wasserführend		
36,00	Letten rot		
39,00	Buntsandstein mittelhart		
39,60	Letten rot		
41,00	Buntsandstein schwach wasserführend		
41,60	Letten rot hart		
43,20	Buntsandstein mittelhart		
43,90	Letten rot mit grauen Sandstreifen		
45,90	Buntsandstein mittelhart wasserführend		
49,10	Buntsandstein hart wasserführend		
49,80	Letten rot		
51,00	Buntsandstein hart wasserführend		

Wasser angebohrt bei	9,00 m = 96,10 m NN
gestiegen bis	7,50 m = 97,60 m NN
Wasser angebohrt bei	22,00 m = 83,10 m NN
gestiegen bis	7,00 m = 97,60 m NN

Anlage 14

T 29 Brunnenbohrloch 62/50 der Grube Beuna

Vertiefung des Brunnens 6 in der Siedlung Oberbeuna in der Nähe vom Bohrloch 43/49
Blatt Merseburg-West r 97020 h 87153 Gok. 105,13 m NN
Brunnensohle: 50,70 m = 54,43 m NN
Bearbeiter: –

Teufe bis m		
9,00	Alte Brunnentiefe	d
9,50	Kies (Schotter)	
9,70	Ton grau fest	e
9,80	Sandsteinbank	
11,50	Sand grau tonig fest	

14,40	Sandstein grau mürbe mit grauen Tonschichten		
14,70	Ton graubraun mit Glimmer	sm	IIIa
14,90	Ton rotbraun mit Glimmer		
15,50	Sandstein grau fest		
17,10	Letten rot		
17,90	Sandstein grau fest		
18,20	Letten rot		
19,60	Sandstein grau mürbe mit grauen Lettenschichten		
22,60	Letten rot		
23,00	Sandstein rot hart		
26,60	Sandstein grau mürbe mit grauen Lettenschichten		
31,10	Sandstein grau wechselnd hart und mürbe		
32,50	Sandstein grau mürbe mit schwachen grauen Lettenschichten		
35,50	Sandstein porös mittelhart		
40,70	Sandstein grau mürbe mit grauen schwachen Lettenschichten		
41,10	Letten rot und grau		
41,60	Sandstein grau porös hart wasserführend		
42,20	Letten rot		
43,00	Sandstein bunt porös hart wasserführend		
44,10	Sandstein grau hart fest mit tonigem Bindemittel		IIb
45,60	Letten rot und grau und Sandsteinschichten		
45,80	Sandstein grau porös hart		
46,50	Sandstein grau porös hart mit tonigem Bindemittel		
47,30	Sandstein bunt hart mit kiesigem Bindemittel		
48,00	Letten grau (Schieferletten)		
48,60	Letten gelb mit schwarzen Schmitzen		
48,70	Letten rot		
50,70	Sandstein grau hart		

Wasserspiegel bei 7,80 m = 97,33 m NN

Anlage 15

T 20 Brunnenbohrloch Cecilie (1936/37)

Im Tagebau Cecilie. Durch Bomben zerstört
Blatt Merseburg-West r 90227 h 85779 Gok. 64,20 m NN
Brunnensohle: 190,00 m = – 125,80 m NN
Bearbeiter: J. Weigelt, E. Picard

Teufe bis m			
4,90	Braunkohle	e	
8,40	Ton hellgrau sandig fest		
11,50	Braunkohle		
16,80	Ton hellgrau sandig fest		
17,80	Sandstein graugrün	so	
32,50	Sand grau mit Ton (Letten)		
36,50	Ton (Letten) rot		
46,30	Ton (Letten) graugrün mit 1 cm mächtigen Gipslagen		
48,90	Sandstein hellgrau dicht		
50,00	Ton (Letten) grün		
63,50	Sandstein grau und Ton (Letten)		
108,30	Ton (Letten) mit Sandsteineinlagen		
126,00	Ton (Letten) fest und dolomitische Bänke mit Myophoria costata		
150,00	Dolomite fest und Tone (Letten)		
151,00	Sandstein glimmerhaltig und Ton	sm	Vb
156,00	Ton graugrün		
190,00	Sandstein graugrün fest und Ton		Va–IVb

Wasserspiegel vor Inbetriebnahme Überlauf bei 64,20 m NN – etwa 84,20 m NN
Wasserspiegel abgesenkt (Mittel) 48,38 m = 15,82 m NN
Das Gelände wurde aufgehöht: 1939 auf 66,20 m NN
1940 auf 67,20 m NN
1941 auf 72,20 m NN
1945 auf 78,46 m NN

Bis zur Zerstörung des Brunnens erfolgte bei Außerbetriebsetzung Überlauf.

Anlage 16

T 11 Brunnenbohrloch F (7/27) der Grube Elise II

Südlicher Brunnen an der Kippe. 1942 verkippt.
Blatt Schafstädt r 87700 h 89844 Gok. 136,58 m NN
Brunnensohle: 134,25 m = + 2,33 m NN
Bearbeiter: E. Picard

Teufe bis m			
0,40	Mutterboden	a	
4,00	Löß	d	
7,70	Geschiebemergel		
10,50	Sandstein weiß kaolinisiert	sm	IV a
20,00	Schieferletten bunt mit Sandstein wechsellagernd		
26,70	Sandstein grau		
54,00	Schieferletten bunt mit Sandsteineinlagerungen		III b
57,90	Sandstein grau		
62,40	Schieferletten bunt		
96,30	Sandstein grau mit bunten Schieferletten wechsellagernd		III a
118,00	Schieferletten bunt mit Sandsteineinlagerungen		
134,25	Sandstein grau mit dünnen Zwischenschichten von bunten Letten		II a

Wasser angebohrt 15,14 m Teufe = 121,18 m NN
Wasserspiegel vor Inbetriebnahme 21,98 m Teufe = 114,60 m NN
Wasserspiegel abgesenkt (Mittel) 41,07 m Teufe = 95,51 m NN

Anlage 17

T 12 Brunnenbohrloch G (1934/35) der Grube Elise II

Nördlicher Brunnen an der Kippe, etwa 1300 m südöstl. Niederwünsch
Blatt Schafstädt r 87695 h 89930 Gok. 135,60 m NN
Brunnensohle: 102,00 m = + 33,60 m NN
Bearbeiter: E. Picard

Teufe bis m			
0,60	Mutterboden	a	
3,80	Löß	d	
7,90	Geschiebemergel		
10,50	Sandstein weiß tonig mürbe	sm	IV a
12,60	Sandstein grau fest		
14,00	Schieferletten rot mit Sandsteinbänkchen		
15,20	Sandstein grau		
16,50	Schieferletten bunt mit Sandsteinschichten		
17,70	Sandstein grau		
17,90	Schieferletten rot		
21,60	Sandstein grau fest (0,2 bis 0,5 mm ∅)		
24,60	Schieferletten bunt mit Sandsteinschichten		III b
29,10	Sandstein graugelb		
42,00	Sandstein grau mit bunten Schieferletten		
49,20	Schieferletten bunt mit Sandsteinschichten		

51,60	Sandstein rötlich (feinkörnig)	
57,10	Schieferletten bunt mit Sandsteinschichten	
59,70	Sandstein blaugrau tonig	
69,00	Sandstein grau fest (feinkörnig)	
76,80	Sandstein graublau mit tonigen Zwischenschichten	
78,60	Schieferletten graugrün mit Sandsteinschichten	
95,10	Sandstein grau fest	IIIa
99,50	Sandstein grau mit grauen Schieferletten	
102,00	Sandstein rötlich fest	

Wasser angebohrt	14,00 m = 121,60 m NN
Wasserspiegel vor Inbetriebnahme	18,50 m = 117,10 m NN
Wasserspiegel abgesenkt (Mittel)	43,36 m = 92,24 m NN

Anlage 18

T 13 Brunnenbohrloch H (1939) der Grube Elise II

In der Nähe von Brunnen F und G, 100 m südwestl. Brunnen G
Blatt Schafstädt r 87512 h 89842 Gok. 135,88 m NN
Brunnensohle: 102,00 m = + 33,88 m NN
Bearbeiter: E. Picard

Teufe bis m			
0,40	Mutterboden	a	
5,60	Löß	d	
7,10	Sand gelb		
7,50	Ton grau sandig mit Kaolinspuren	sm	IVa
21,30	Sandstein grau grob fest wechsellagernd mit feinkörnigem tonigen Sandstein		
46,20	Sandstein hellgrau feinkörnig fest und mürbe wechsellagernd mit Tonschichten		IIIb
80,50	Sandstein rot mittelkörnig mit roten Tonschichten		
102,00	Sandstein grau feinkörnig fest dünnschichtig		IIIa

Wasser angebohrt	15,50 m = 120,38 m NN
Wasserspiegel vor Inbetriebnahme	20,38 m = 115,50 m NN
Wasserspiegel abgesenkt (Mittel)	43,45 m = 92,43 m NN

Anlage 19

T 14 Brunnenbohrloch I (1948/49) des Werkes Mücheln II

Zwischen Brunnen G und H
Blatt Schafstädt r 87601 h 89899 Gok. 135,56 m NN
Brunnensohle: 120,00 m = + 15,56 m NN
Bearbeiter: Pomper

Teufe bis m		alt	neu	
0,10	Aufgefüllter Boden	a	a	
0,50	Mutterboden			
3,10	Löß	d	d	
7,20	Geschiebemergel			
8,40	Sand scharf			
8,80	Geschiebemergel			
9,40	Sand mit Sandsteinschichten	so	sm	IVa
18,70	Sandstein mit Tonschichten			
20,80	Ton			
22,60	Sandstein			
25,30	Ton mit Sandsteinschichten			
29,70	Sandstein mit Tonschichten			IIIb

31,80	Ton graugelb mit Sandsteinschichten	
48,60	Sandstein mit Schieferletten	
53,40	Sandstein grau	
66,50	Sandstein mit roten Schieferletten	
72,30	Sandstein grau mit Tonschichten	
78,60	Sandstein fest	
81,40	Sandstein blaugrau	
81,60	Schieferletten graugelb	
87,40	Sandstein graugelb fein fest	IIIa
92,20	Sandstein grau fein	
110,70	Sandstein rötlich fein	
111,00	Schieferletten	IIb
112,60	Sandstein rötlich grob	
112,80	Sand grau bunt	
118,80	Buntsandstein	
120,00	Buntsandstein graublau porös	

Wasser angebohrt	16,40 m = 119,16 m NN
Wasser gefallen bis	24,30 m = 111,26 m NN
Wasser angebohrt	52,00 m = 83,56 m NN
Wasserspiegel vor Inbetriebnahme	17,50 m = 118,06 m NN

Anlage 20

T 23 Bohrloch Frankleben (1903)

Am Westende des Dorfes
Blatt Merseburg-West r 94520 h 86350 Gok. 98,00 m NN
Bohrlochtiefe. 1087,60 m = - 989,60 m NN
Bearbeiter: E. ZIMMERMANN und W. WEISSERMEL

Teufe bis m		alt	neu	
1,00	Mergel feinsandig humos	a	a	
3,80	Löß bis 2 m gelb dann gelbgrau (umgelagert) etwas verunreinigt			
18,80	Kies oben glazial unten einheimisch	d	d	
32,18	Braunkohle	e	e	
34,50	Ton weißgrau			
36,50	Sand ziemlich fein tonig			
42,36	Ton weißlich ± sandig			
43,50	Quarzsand schwach kiesig			
48,48	Ton grau-weiß			
50,57	Quarzkies schwach sandig mit bis hühnereigroßen Geröllen			
52,48	Ton weiß teilweise sandig			
54,00	Quarzkies mit einzelnen Tongeröllen			
56,00	Ton hellgrau		so	
58,00	Ton hellgrün rotgefleckt	sm		
385,00	Sandstein und Lettenschiefer zumeist Mittlerer Buntsandstein vielleicht z. T. auch noch Unterer Buntsandstein		sm	Vb–Ia
692,00	Unterer Buntsandstein	su	su	
1075,65	Zechstein (ohne Salz)	z	z	
1087,60	Oberes Rotliegendes	ro	ro	

Einfallen der Schichten des Mittleren Buntsandsteins etwa 10°; die Mächtigkeiten erscheinen daher etwas zu groß.
Die Koordinaten des Bohrloches wurden auf Grund einer Kartenskizze in den Erläuterungen des Blattes Merseburg-West ermittelt.
Die Angaben für den Unteren Buntsandstein und den Zechstein erfolgten hier nur summarisch.
Die Grenze vom Mittleren zum Unteren Buntsandstein ist etwa bei 337,00 m Teufe anzusetzen.

Anlage 21

T 3 Bohrloch Göhrendorf

Etwa 200 m westlich des Dorfes
Blatt Querfurt etwa r. 75900 h 91000 Gok. 193,00 m NN
Bohrlochtiefe: 1100,80 m = – 907,80 m NN
Bearbeiter: E. ZIMMERMANN und G. BERG

Teufe bis m			
2,00	Lößlehm humos	d	
4,00	Löß		
6,00	Geschiebelehm		
13,00	Feinsand kalkhaltig	e	
13,50	Braunkohle		
16,80	Kalkstein blau fest (Orbicularis-Schichten)	mu	
17,80	Schaumkalk		
25,80	Kalkstein blau fest		
27,80	Schaumkalk		
41,80	Kalkstein blau fest (Oberer Wellenkalk)		
42,80	Schaumkalk (Terebratelkalk)		
135,50	Kalkstein blau fest (Unterer Wellenkalk)		
138,50	Mergel grünlichgrau (Myophorien-Schichten)		
190,50	Letten grau mit Gips	so	
249,50	Letten rot mit Gips		
268,50	Letten grau sehr gipsreich		
308,50	Mergel grau		
318,50	Chirotheriensandstein	sm	Vb–Va
334,50	Sandstein hellrot feinkörnig		
415,50	Sandstein meist rötlichbraun ziemlich grob		IVb–IIIb
421,50	Sandstein lettenstreifig		
427,50	Letten sandstreifig		
440,50	Sandstein mittelkörnig		IIIa
531,50	Sandstein sehr feinkörnig		IIb–IIa
569,00	Proben fehlen		Ib
577,00	Sandstein weiß bis schwach rötlich grob		Ia
874,00	Unterer Buntsandstein	su	
1100,80	Zechstein (mit Salz nicht durchbohrt)	z	

Die Koordinaten des Bohrloches wurden auf Grund der Lagerstättenkarte Blatt Halle (1 : 200000) ermittelt.
Die Angaben für den Unteren Buntsandstein und den Zechstein erfolgten hier nur summarisch.

Anlage 22

T 5 Bohrloch Großgräfendorf (1903)

Etwa 300 m östlich des Ortes
Blatt Schafstädt etwa r 88100 h 95350 Gok. 127,00 m NN
Bohrlochtiefe: 818,80 m = – 691,80 m NN
Bearbeiter: E. ZIMMERMANN

Teufe bis m			
2,70	Löß oben humos	d	
4,00	Kies teils nordisch teils einheimisch		
41,00	Sandstein	sm	IIIb
50,00	Schieferletten		
55,00	Tonstein hellgelb bis grau feinsandig		
92,00	Letten rot und Sandstein		IIIa
144,00	Sandstein und Letten rot und grau		IIb
153,00	Sandsteinschiefer grünlichgrau		IIa

159,00	Sandstein lettenstreifig		
164,00	Sandstein		
170,00	Sandstein sehr bunt lettenstreifig		
179,00	Sandstein mit Lettenlagen		Ib
184,00	Schieferletten graugrün		
185,00	Sandstein rot		
188,00	Tongestein rot massig		
196,00	Schieferletten graugrün		
204,00	Sandstein		Ia
206,50	Schieferletten bunt		
223,00	Sandstein hellrot		
519,00	Unterer Buntsandstein	su	
818,80	Zechstein (mit Salz, nicht durchbohrt)	z	

Lagerung ungefähr horizontal.
Die Koordinaten des Bohrloches wurden auf Grund der Karte von E. FULDA, Jb. GLA Bd. XLIX II. Teil f. 1928 Bln. 1929 und des geologischen Blattes Halle (1 : 200000) ermittelt.
Die Angaben für den Unteren Buntsandstein und den Zechstein erfolgten hier nur summarisch.

Anlage 23

T 30 Brunnenbohrloch Großkayna I (1938)

Etwa 1100 m östlich der Kippe Michel
Blatt Weißenfels r 98130 h 83250 Gok. 117,50 m NN
Brunnensohle: 125,00 m = – 7,50 m NN
Bearbeiter: E. PICARD

Teufe bis m			
1,00	Mutterboden	a	
3,60	Geschiebelehm	d	
4,10	Kies gelb		
17,20	Sandstein grau mit Ton und Zwischenschichten	sm	Va
17,55	Sandstein grau wasserführend		
21,40	Sandstein grau mit Zwischenschichten		IVb
47,80	Sandstein grau mit roten und grauen Tonzwischenschichten		IVa
52,50	Kalkstein		IIIb
53,10	Sandstein grau mit roten und grauen Zwischenschichten		
65,50	Sandstein grau mit grauen Zwischenschichten		
66,00	Sandstein grau		
78,50	Sandstein grau mit grauen Tonzwischenschichten		
109,00	Sandstein grau mit grauen und roten Tonzwischenschichten		IIIb–IIIa
125,00	Sandstein grau mit weißen erbsengroßen Einsprenglingen		

Wasserspiegel vor Inbetriebnahme 14,60 m = 102,90 m NN

Anlage 24

T 31 Brunnenbohrloch Großkayna II (1939)

Etwa 1000 m östlich der Kippe Michel, westlich von Brunnen I
Blatt Weißenfels r 97620 h 83210 Gok. 121,25 m NN
Brunnensohle: 193,70 m = – 72,45 m NN
Bearbeiter: E. PICARD

Teufe bis m			
0,50	Mutterboden	a	
3,70	Lehm mit Geröllen	d	
25,10	Sandstein weiß mit hellgrauen bzw. gelben Tonen	sm	Vb–Va
36,50	Ton hellgrau mit Sandsteinlagen		Va–IVb
40,50	Schwimmsand hellgrau		
45,10	Sandstein hellgrau		

52,40	Ton hellrot und graugrün sandig	
66,20	Sandstein rot mit festem roten Ton	IVa–IIIb
76,20	Schieferton rot und grau mit Sandsteinlagen	
84,60	Sandstein weiß und graue Tonlagen	
98,60	Sandstein rötlich feinkörnig mit grauen und grünen Tonlagen	
121,60	Schieferton grau mit harten Sandsteinschichten	IIIb–IIIa
162,40	Ton rot sandig mit graugrünen und weißen Sandbänken	IIIa–IIb
163,40	Sandsteinbänke hellrot hart	
193,70	Ton hellrot sandig mit hellgrauen Sandsteinbänken	IIb–IIa

Wasserspiegel vor Inbetriebnahme 18,35 m = 102,90 m NN
Wegen Salzwasserführung Bohrloch verfüllt 1950 bis 120 m
Teufe = + 1,25 m NN

Anlage 25

T 21 Brunnenbohrloch Leonhardt (I/1936)

Im Tagebau Leonhardt. Verkippt 1948/49
Blatt Merseburg-West r 91183 h 85337 Gok. 59,62 m NN
Brunnensohle: 310,70 m = – 251,08 m NN
Bearbeiter: E. Picard

Teufe bis m			
33,85	Braunkohle	e	
34,90	Ton		
35,85	Kalkstein	so	
40,70	Tonmergel grau		
56,85	Tonmergel grau und Sandstein		
69,50	Kalkstein grau feinkörnig		
129,20	Tonmergel rot untergeordnet grau		
180,00	Kalkstein feinkörnig mit bunten Tonen wechsellagernd		
193,00	Sandstein hellrot	sm	Vb–Va
216,00	Sandstein dunkelrot mit tonigen Zwischenschichten		Va–IVa
238,50	Sandstein blaßrot		
240,00	Sandstein weißgrau		IIIb
260,00	Sandstein dunkelgrau		
275,00	Sandstein blaßrot		
285,00	Sandstein hellgrau mit Einlagerungen von grauen Tonen		
310,70	Sandstein blaßrot		IIIb–IIIa

Wasserspiegel vor Inbetriebnahme Überlauf bis etwa 69,62 m NN
Wasserspiegel abgesenkt (Mittel) 28,13 m = 31,49 m NN
Das Gelände wurde bis 1941 aufgehöht auf 60,21 m NN

Anlage 26

T 18 Brunnenbohrloch Lützkendorf I (1936/37)

Südlicher Brunnen im Werk
Blatt Weißenfels r 89420 h 84720 Gok. 113,00 m NN
Brunnensohle: 350,00 m = – 237,00 m NN
Bearbeiter: E. Picard

Teufe bis m		
3,00	Ton sandig	d
4,40	Löß braun	
5,40	Löß gelbbraun sandig	
7,60	Löß dunkel sandig	
11,60	Löß dunkel	

11,80	Kohle	e	
12,00	Kohle mit Ton		
16,00	Kohle (überwiegend) mit Ton		
17,50	Ton fett		
20,00	Ton hell fett fest		
22,50	Ton grau fest	mu	
39,20	Kalk grau mergelig		
40,25	Ton hart mit Kieseln		
50,50	Mergel grau mit Kalkbänken		
58,50	Letten grün	so	
62,55	Letten mit festen Lagen		
72,50	Letten mit Gipslagen		
183,70	Letten mit Sandstein		
350,00	„Mittlerer Buntsandstein"	sm	Vb—IIb

Wasserspiegel vor Inbetriebnahme 2,50 m = 110,50 m NN
Wasserspiegel in Ruhe bei 17,00 m = 96,00 m NN
Wasserspiegel abgesenkt (Mittel) 116,63 m = − 3,63 m NN

Anlage 27

T 19 Brunnenbohrloch Lützkendorf II (1937)

Nördlicher Brunnen im Werk. Wiederaufwältigung des Brunnenbohrloches 788/17
Blatt Merseburg-West r 89572 h 84974 Gok. 110,50 m NN
Brunnensohle: 351,00 m = − 240,50 m NN
Bearbeiter: Th. Schmierer (1917), E. Picard

Teufe bis m		1930	1941	
5,80	Löß gelblichbraun umgelagert	a	d	
13,30	Muschelkalkgerölle, auch etwas nordisches Material	d		
14,90	Kies sandig mit Braunkohle		e	
15,10	Braunkohle sandig kalkhaltig			
28,00	Quarzgerölle haselnußgroß			
29,40	„Geschiebe"-Mergel gelblichbraun mit vielen tertiären Quarzgeröllen			
31,20	Quarzgerölle			
35,00	„Geschiebe"-Mergel rötlich (mit Röt und Tertiärmaterial)			
36,80	Braunkohle sandig	e		
43,50	Ton grau sehr sandig			
44,80	Kalkbank mit Myophorien glaukonitisch	mu	mu	
45,60	Mergel hellgrünlich grau			
46,00	desgl. und Kalkbank mit Myophorien glaukonitisch			
46,30	Mergel grünlichgrau	so		
48,80	Sandstein (Kalkstein nach Angabe 1917) hellgrau dicht			
50,00	Letten grünlich kalkfrei			
63,50	Kalkstein hellgrau dicht und gleiche Mergel			
64,30	Mergel grünlichgrau		so	
85,60	desgl. mit Einlagerungen von dichtem hellen Kalkstein			
92,30	Letten vorwiegend rötlichbraun und rot zurücktretend grünlichgrau			
170,00	Letten grau und rot des Oberen Buntsandsteins			
192,50	Sandstein weiß und rötlich wechsellagernd mit rötlichen und grünlichen Letten	sm		
351,00	Buntsandstein		sm	Vb—IIb

Wasserspiegel vor Inbetriebnahme Überlauf = 110,50 m NN
Wasserspiegel abgesenkt (Mittel) 86,26 m = + 24,24 m NN
Bei Weissermel (1930) ist bis 350,00 m Teufe Mittlerer Buntsandstein
und bis 355,00 m Teufe Unterer Buntsandstein angegeben.

Anlage 28

T 7 Brunnenbohrloch Milzau (1947/48)

Kreiswasserwerk Milzau am Bahnhof
Blatt Merseburg-West r 93320 h 93955 Gok. 97,50 m NN
Brunnensohle: 106,10 m = – 8,60 m NN
Bearbeiter: Pomper, GLA Halle nach Bohrproben

Teufe bis m				
0,80	Mutterboden		L	
1,60	Sand gelbgrau tonig eisenhaltig		dm	II
2,75	Grobkies (30 mm ⌀) mit Feinsand	be 2	be	
3,10	Feinsand grau			
3,20	Sand grau tonig mit aufgearbeiteter Kohle (Schmierkohle)			
4,10	Feinsand weiß			
5,80	Feinsand schmutziggrau mit Kohlepartikelchen			
6,00	Feinsand schwarz stark braunkohlehaltig	Oberflöz		
8,50	Feinsand hellgrau	Zwmittel		
8,90	Braunkohleton sandig glimmerhaltig			
9,70	Feinsand hellbraun mit aufgearbeiteten Braunkohlepartikelchen von Verunreinigungen			
10,10	Braunkohleton schmutziggrau ganz schwach feinsandig			
10,40	Braunkohle	Utflöz		
10,70	Ton schwarzgrau	be 1		
11,80	Ton hellgrau bis ganz schwach bräunlich plastisch			
13,80	Feinsand hellgrau stark tonig			
14,80	Feinsand wie zuvor etwas dunkler und toniger werdend			
15,80	Feinsand hellgrau tonig mit einzelnen dunkleren glimmerhaltigen Einlagerungen, sowie ganz vereinzelten Kiesgeröllen von Verunreinigungen			
16,80	Ton hellgrau bis ganz schwach grünlich	Kapselton		
19,50	Ton wie zuvor etwas stärker feinsandig			
—	Diskordanz —			
20,50	Ton hellgrau der Stich ins grünliche fehlt schwach feinsandig		sm	IIb
22,50	Ton hell bis mittelgrau feinsandig			
24,00	Ton hellgrau feinstsandig mit sehr vereinzelten Braunkohlepartikelchen und Verunreinigungen			
25,00	Ton wie zuvor ohne Braunkohle		Unt.	
26,00	Ton rotbraun mit graugrünen Schlieren sehr schwach feinstsandig		Zwisch.- Schichten	
28,00	Ton wie bei 25,00 m jedoch etwas dunkler			
28,50	Ton mittelgrau mit Stich ins rotbraune (in einzelnen Partien schon vorherrschend); der Feinsandgehalt geht etwas zurück		sm	IIb
29,50	Ton rostbraun stärker feinsandig			
30,50	Ton rostbraun feinsandig			
31,50	Ton wie bei 28,50 m jedoch stärker rotbraun gefärbt			
32,50	Ton mittelgrau ganz schwach feinstsandig mit bis zu kleine Erbsengröße erreichenden runden festen Einlagerungen, die schwach glimmerhaltig sind			
33,50	Ton hellocker feinsandig			
34,50	Ton mittelgrau mit rotbraunen Partien sonst wie bei 32,50 m			
35,50	Ton braunrot nur schwach feinstsandig			
36,00	Ton hellbräunlich bis rot nur schwach feinstsandig		Unt.	
37,00	Ton hellgrünlichgrau mit rötlichen Partien glimmerhaltig einzelne kleine Bröckchen schwach feinstsandig			

39,00	Ton hellgrünlichgrau ganz schwach feinstsandig	Zwisch.	
43,00	Ton wie zuvor zuweilen etwas rötlich		
44,00	Ton grünlichgrau schwach glimmerhaltig		
46,00	Ton wie bei 43,00 m		
47,00	Ton wie bei 33,50 m		
48,00	Ton hellocker bis rötlich stark feinsandig	Schich-	
49,00	Ton rotbraun mit einzelnen grünlichgrauen Partien feinsandig mit dunkelroten fast sandfreien schwach glimmerigen Tonschlieren		
50,00	Ton hellgraugrün zuweilen mit Stich ins rötliche feinsandig mit festen Buntsandsteinbrocken	ten	
51,00	Sandstein hellgelblichgrau feinkörnig mit rötlichen feinsandigen Tonzwischenlagen		IIa
52,00	Sandstein hellgelblichgrau feinkörnig mitunter schwach tonig		
53,00	Ton hellgrünlichgrau mit rötlichen Partien feinstsandig mit festen Buntsandsteinbröckchen		
54,00	Ton hellrötlich feinsandig mit dunkelroten feinstsandigen glimmerigen Schlieren		
55,00	Ton rotbraun mit wenigen graugrünen Partien stark feinsandig		
56,00	Sandstein schmutziggrau bis hellgrau feinkörnig ± schwach tonig		
57,50	Sandstein schmutziggrau feinkörnig ± schwach tonig mit rotbraunen Tonschlieren		
59,00	Sandstein wie bei 56,00 m		
60,00	Ton hellgrünlichgrau zuweilen schwach rötlich stark feinsandig mit einzelnen gut gerundeten bis 2 cm ⌀ erreichenden Geröllen		
61,00	Sandstein grünlichgrau feinkörnig schwach tonig mit rötlichen Partien, die etwas stärker tonig sind	Unt.	IIa
62,00	Sandstein hellocker mit schwach grünlichen Partien feinkörnig sehr schwach tonig		
63,00	Ton rotbraun ganz schwach feinstsandig mit grünlichen Zwischenlagen, die sandiger und glimmerhaltig sind	Sand-	
64,00	Ton wie zuvor jedoch finden sich hellgraue sandsteinähnliche Schmitzen		
66,00	Sandstein hellocker bis schwach rosa ± tonig	steine	
67,00	Sandstein mit Tonschichten wasserführend		
68,70	Ton rot		
74,00	Sandstein hart mit flachen Tonschichten		
76,80	Ton rot fest gelagert		
80,00	Sandstein grau mit flachen Toneinlagen wasserführend		
86,00	Ton blau fest gelagert		
87,00	Ton grau		
105,50	Sandstein grau mit flachen Toneinlagerungen		
106,10	Ton rot		Ib

Wasserspiegel in Ruhe 4,00 m = 93,50 m NN
Wasserspiegel abgesenkt (Normalbetrieb) 16,00 m = 81,50 m NN

Anlage 29

T 22 Brunnenbohrloch I (981/1948/49) des Werkes Neumark-West

An der Lauchstädter Straße nördlich der Fabrik
Blatt Merseburg-West r 91495 h 88060 Gok. 133,40 m NN
Brunnensohle: 100,20 m = + 33,20 m NN
Bearbeiter: BKV Merseburg

Teufe bis m			
5,10	Löß	d	
10,80	Kies gelb (20 mm ⌀)		
12,50	Geschiebemergel gelb		
13,90	Geschiebemergel grau		
17,00	Geschiebemergel grau mit schwachen Tonschichten		
19,40	Ton grauweiß mit mürben Sandsteinschichten	sm	Vb
20,00	Sandstein graugelb verockert		Va
29,70	Ton grauweiß mit mürben Sandsteinschichten		
36,50	Ton rot mit roten Sandsteinschichten von 20 bis 30 cm		
46,00	Ton grauweiß mit Sandsteinschichten von 10 bis 20 cm		
47,90	Ton rot mit schwachen Sandsteinschichten von 20 bis 30 cm		IVb–IVa
57,50	Ton grauweiß mit Sandsteinschichten von 20 bis 30 cm		
61,80	Ton bunt mit Sandsteinschichten von 20 bis 30 cm		
65,50	Ton graugrün mit Sandsteinschichten von 20 bis 30 cm		
73,50	Sandstein graugrün mit Lettenschichten		
75,50	Ton rot mit Sandsteinschichten		IIIb
81,50	Sandstein graugrün mit Lettenschichten		
88,30	Ton grau mit Sandsteinschichten von 5 bis 10 cm		
90,10	Ton graugrün mit Sandsteinschichten bis 1 cm		
92,00	Ton grau stark sandig		
93,00	Ton graublau mit Schieferletten		
99,50	Sandstein grau mürbe wasserführend		
100,20	Ton graugrün stark sandig		

Wasser angebohrt 31,50 m = 101,90 m NN
Wasser gestiegen bis 29,00 m = 104,40 m NN

Anlage 30

T 9 Brunnenbohrloch Niederklobikau I (Schule) (1936/37)

Blatt Merseburg-West r 89520 h 91030 Gok. 123,00 m NN
Brunnensohle: 120,00 m = + 3,00 m NN
Bearbeiter: E. Picard

Teufe bis m			
0,75	Mutterboden	a	
1,50	Lehm und Löß	d	
3,00	Sand und lehmiger Sand	e	
4,70	Sand mit Mergel		
7,50	Letten grün mit Sandstein	sm	IIIb
9,00	Letten grau braun		
15,00	Letten grün		
18,00	Letten blau		
24,00	Sandstein		
109,00	Sandstein mit Letten		IIIa–IIa
120,00	Sandstein		

Wasserspiegel vor Inbetriebnahme 9,00 m = 114,00 m NN
Wasserspiegel abgesenkt (Mittel) 39,14 m = 83,86 m NN

Anlage 31

T 8 Brunnenbohrloch Niederklobikau II (Park) (1937)

Am Ostende des Parkes
Blatt Merseburg-West r 90080 h 91560 Gok. 109,00 m NN
Brunnensohle: 120,00 m = – 11,00 m NN
Bearbeiter: E. Picard

Teufe bis m			
0,75	Mutterboden	a	
1,50	Lehm	d	
2,15	Löß		
2,50	Sand und Mergel		
3,00	Sand und Kies	e	
4,25	Kies		
12,00	Letten bunt mit Sandsteinschichten	sm	IIIb
24,00	Sandstein		IIIa–IIa
112,00	Sandstein mit Letten		
120,00	Sandstein		

Wasserspiegel vor Inbetriebnahme (1937)	Überlauf =	109,00 m NN
Wasserspiegel in Ruhe	4,33 m =	104,67 m NN
Wasserspiegel abgesenkt (Mittel)	28,28 m =	80,72 m NN

Anlage 32

T 10 Bohrloch Oberklobikau

Etwa 150 m westlich des Ortes, nördlich vom Bach. In der Zeit zwischen 1902 und 1907 abgeteuft
Blatt Schafstädt etwa r 87920 h 90550 Gok. 122,00 m NN
Bohrlochtiefe: 899,60 m = – 777,60 m NN
Bearbeiter: E. Zimmermann

Teufe bis m		alt	neu	
0,60	Schwarzerde	D	d	
2,30	Löß			
3,50	Ton gelb sandig mit nordischen Geschieben			
12,10	Sandstein weiß kaolinreich	sm	sm	IIIb
13,90	Letten rot			
74,15	Sandstein weiß und rötlich			IIIb–IIIa
83,65	Letten rot mit Sandsteinschichten			IIb
89,80	Letten grünblau mit Sandsteinschichten			
183,60	Sandsteine weiß und rötlich			IIb–IIa
189,80	Schieferletten grünblau mit Sandsteinschichten			Ib
218,30	Sandstein weiß und rötlich			Ia
222,15	Schieferletten grünblau mit Estheria		su	
266,70	Sandstein und Letten dreimal in stärkeren Packen wechselnd			
268,10	(bzw. 298,10) Kalksandstein			
297,40	(bzw. 307,40) Sandsteinschiefer			
549,00	Unterer Buntsandstein	su		
891,82	Zechstein (nur 15 m ält. Steinsalz)	z	z	
899,60	Oberes Rotliegendes	ro	ro	

Die Koordinaten des Bohrloches wurden auf Grund der Karte von E. Fulda Jb. GLA Bd. XLIX II. Teil f. 1928 Bln. 1929 und des geologischen Blattes Halle (1 : 200000) ermittelt.
Die Zahlenwerte sind den Ergebnissen von Bohrungen, die eingeklammerten den Erläuterungen zu Blatt Merseburg-West entnommen.
Die Angaben für den Unteren Buntsandstein und den Zechstein erfolgten hier nur summarisch.

Anlage 33

T 15 Bohrloch Oberwünsch (1903)

Etwa 300 m östlich des Dorfes
Blatt Schafstädt etwa r 85450 h 90900 Gok. etwa 137,50 m NN
Bohrlochtiefe: 727,00 m = – 589,50 m NN
Bearbeiter: KRUSCH und FLIEGEL

Teufe bis m			
4,00	Quartär		
32,00	Oberer Buntsandstein		
270,00	Mittlerer Buntsandstein,		nach KRUSCH und FLIEGEL
etwa 500,00	Unterer Buntsandstein		
727,00	Zechstein (nur älteres Steinsalz, nicht durchbohrt)		
32,00	Ackererde Kies und sandige Tone		
326,00	Buntsandstein blau und rot	sm	
657,80	Buntsandstein mit Rogenstein und Gipsschnüren	su	n. Akten d. Geol. Inst.
666,00	Buntsandstein mit Anhydrit		
719,50	Zechstein (nur älteres Steinsalz, nicht durchbohrt)	z	

Die Koordinaten des Bohrloches wurden auf Grund der Karte von E. FULDA Jb. GLA Bd. XLIX II. Teil f. 1928 Bln. 1929 ermittelt.
Der Mittlere Buntsandstein ist wohl von 32,00 m bis etwa 307,00 m Teufe und der Untere Buntsandstein von etwa 307,00 m bis etwa 657,00 m Teufe anzusetzen.

Anlage 34

T 4 Bohrloch Schafstädt (1903)

Am Westrand des Ortes
Blatt Schafstädt etwa r 83500 h 94050 Gok. 150,00 m NN
Bohrlochtiefe: 743,60 m = – 593,60 m NN
Bearbeiter: E. ZIMMERMANN

Teufe bis m				
0,50	Ackererde humos, Löß		d	
1,30	Kies und Sand nordisch und einheimisch			
16,50	Tonmergel grünlichgrau		so	
56,00	Tongestein braunrot grüngetupft massig			
62,00	Aufgerieben			
113,00	Tonmergel grau meist brecciös bei 70 m und 98 m Dolomitbänkchen mit Myophoria costata			
114,30	Tonmergel grau fein- und ebenschichtig	Chiroterien-	sm	Vb
138,00	Sandstein ungleichmäßig gefärbt ungleich zementiert	horizont		Va
191,00	Sandstein braunrot selten weiß bei 173 bis 175 m mit Pflanzenhäcksel			IVa
198,00	Schieferletten grau			IIIb
220,00	Sandstein lagenweise sehr tonig			
223,00	Sandstein weiß grob mit Kaolinkörnern			
240,40	Letten bunt sehr sandstreifig sehr unregelmäßig geschichtet z. T. braunrotes Tongestein			
288,60	Sandsteine buntscheckig mit Tongallen und Lettenblättern z. T. grob mit Gervillia			IIIa – IIb
330,00	Sandstein weißrot mit Gervillia			IIa

339,00	Letten grau sehr sandstreifig		
367,00	Sandsteine weiß bis hellrot		
386,00	Schieferletten bunt mit Estheria		Ib
395,00	Sandstein rötlich		
399,00	Letten grau mit Estheria		
411,00	Sandstein hellrötlich z. T. sehr grob		Ia
698,40	Unterer Buntsandstein	su	
743,60	Zechstein (mit Salz, nicht durchbohrt)	z	

Einfallen der Schichten etwa 10 bis 15°.
Die Koordinaten des Bohrloches wurden auf Grund des Meßtischblattes ermittelt.
Die Angaben für den Unteren Buntsandstein und den Zechstein erfolgten hier nur summarisch.

Anlage 35

T 16 Bohrloch Schmirma (1906)

Etwa 1000 m nördlich des Dorfes
Blatt Schafstädt etwa r 84980 h 87900 Gok. 138,00 m NN
Bohrlochtiefe: 940,00 m = – 802,00 m NN
Bearbeiter: E. Picard (ab 445 m)

Teufe bis m			
1,30	Ackererde	d	
8,40	Ton dunkelgrau		
12,56	Ton grau sandig		
13,28	Sand grau		
19,40	Ton hell blau	so	
43,64	Ton rot und blau		
48,20	Letten rot und blau		
57,22	Kalkstein		
78,35	Letten blau		
85,90	Kalkstein		
97,36	Sandstein grau	sm	Va
136,46	Letten rot		IVb
170,50	Letten rot fest mit Sandstein		IVa
186,00	Sandstein rötlich und weiß mit kleinen Lettenschichten		IIIb
197,00	Letten blau und rot mit schwachen Sandsteinbänken		
299,50	Sandstein mit roten und blauen Letten und Gipsschnüren		IIIa–IIa
300,30	Gips		
305,00	Sandstein mit roten und blauen Letten		
311,00	Ton blaugrau mit Gips und roten Letten		
318,10	Sandstein mit roten Letten		
322,00	Ton blaugrau		Ib
329,00	Letten rot		
334,00	Letten rot und blau		
343,00	Sandstein mit roten Letten und Gips		
346,00	Letten rot		
351,00	Sandstein mit roten Letten		Ia
362,00	Sandstein		
698,86	Unterer Buntsandstein	su	
940,00	Zechstein (mit Salz, nicht durchbohrt)	z	

Die Koordinaten des Bohrloches wurden auf Grund der Karte von E. Fulda Jb. GLA Bd. XLIX II. Teil f. 1928 Bln. 1929 ermittelt.
Die Angaben für den Unteren Buntsandstein und den Zechstein erfolgten hier nur summarisch.
Die Grenze vom Unteren Buntsandstein zum Zechstein ist bei Krusch und Fliegel (1928) bei 642,00 m Teufe angenommen worden.

Anlage 36

T 6 Bohrloch Schotterey (1897)

Auch Bohrloch Lauchstädt (1897) westlich des Ortes bei Schotterey genannt
Blatt Merseburg-West etwa r 89500 h 94800 Gok. 125,00 m NN
Bohrlochtiefe: 725,00 m = – 600,00 m NN
Bearbeiter: ?

Teufe bis m		alt	neu	
4,00	Lehmige Erde schwarz	d	d	
5,00	Lehm grau und gelb sandhaltig mit Sandsteinbänken und etwas Kies			
11,50	Ton rot	sm	sm	IIIb
20,00	Sandstein weiß und gelblich mit schwachen Tonschichten durchzogen			
27,00	Sandstein und milde Schieferletten			
48,50	Sandstein weiß und rot grobkörnig sehr klüftig			IIIa
50,00	Letten bunt			IIb
62,00	Letten blau			
89,10	Sandstein weiß und rot grobkörnig sehr klüftig			IIa
148,00	Sandstein bunt grobkörnig scharf klüftig			
152,00	Kalkstein mit schwachen Sandsteinschichten			Ib
156,00	Sandstein weiß			
160,00	Letten bunt fest mit Streifen von Kalkstein			
188,00	Sandstein bunt			Ia
205,70	Schieferletten bunt		su	
212,90	Sandstein bunt			
232,70	Sandstein teilweise sehr grobkörnig mit Schieferletten			
240,00	Schieferletten rot und blau mit schwachen Kalksteinbänken			
261,00	Kalkstein mit schwachen Schieferlettenschichten			
266,00	Sandstein grau fest			
540,00	Unterer Buntsandstein	su		
725,00	Zechstein (mit Salz, nicht durchbohrt)	z	z	

Die Koordinaten des Bohrloches sind auf Grund der Karte von E. Fulda Jb. GLA Bd. XLIX II. Teil f. 1928 Bln. 1929 ermittelt.
Die Angaben des als Leicafilm vorhandenen Bohrjournals schwer lesbar und deutbar.
Die Angaben für den Unteren Buntsandstein und Zechstein erfolgten hier nur summarisch.
Die Akten des Geol. Institutes Halle dagegen geben als Grenze des Mittleren Buntsandsteins 232,00 m Teufe und des Unteren Buntsandsteins 553,50 m Teufe und als Bohrlochtiefe 580,00 m an.

Anlage 37

T 17 Brunnenbohrloch Zuckerfabrik Stöbnitz (1940/50)

Im Gelände der Fabrik
Blatt Schafstädt r 86920 h 86600 Gok. etwa 122,00 m NN
Brunnensohle: 308,55 m = – 186,55 m NN
Bearbeiter: BKV Merseburg

Teufe bis m		alt	neu
1,10	Mutterboden	a	a
1,80	Lößlehm	d	d
6,15	Löß		
6,35	Sand eisenschüssig ohne Kalk		
27,55	Braunkohle	e	e
30,70	Ton grau weich ohne Kalk		
32,50	Braunkohle		
33,40	Kies fein mit sandigen Zwischenschichten		
40,55	Ton braunschwarz und sandiger Ton		

53,00	Rötton hellgrün bis hellgrau ohne Kalk	so	so	
85,00	Rötton mit Kalk			
93,00	Dolomit mit Quarz			
118,00	Rötton grau kalkhaltig			
122,50	Rötton grau sandig			
123,00	Rötton rotbraun schwach kalkhaltig			
133,00	Rötton grau kalkhaltig			
155,00	Ton ziegelrot			
157,00	Sandstein ziegelrot			
158,00	Ton rot			
159,00	Sandstein hellrot			
162,00	Ton rot			
164,00	Sandstein ziegelrot			
165,00	Ton rot			
166,00	Sandstein hellrot			
170,00	Ton rot			
174,00	Ton rot mit Schieferton			
176,00	Ton rot			
178,00	Ton rot mit Sandstein			
182,00	Ton rot			
184,00	Ton grau mit Schieferton			
188,00	Ton rot			
194,00	Ton rot mit Sandstein			
220,00	Ton rot			
230,35	Sandstein rot tonig		sm	Vb–Va
232,00	Sandstein weiß grob			
238,00	Sandstein rot			
241,00	Ton graurot			IVb
246,00	Ton grau mit Dolomitplatten			
248,00	Ton grau			
257,00	Sandstein weiß mit grauem Ton	sm		IVa
259,00	Sandstein weiß			
260,00	Sandstein weiß und rot			
262,00	Sandstein weiß			
266,00	Sandstein weiß und rot			
274,00	Sandstein rot			
275,00	Sandstein weiß			
277,00	Sandstein rot mit Ton			IIIb
280,00	Sandstein rot			
281,00	Sandstein rot mit Tonschiefer			
284,00	Sandstein rot mit Ton			
296,00	Sandstein rot			
297,00	Sandstein rot mit Tonschiefer			
299,00	Ton rot			
302,00	Sandstein grau mit Tonschiefer			
303,00	Sandstein weiß			
308,55	Sandstein weiß mit Ton			

Anlage 38

T 1 Brunnenbohrloch V im Wangener Grund

Etwa 2000 m südlich Ziegelroda
Blatt Ziegelroda r 64200 h 87090 Gok. 250,00 m NN
Brunnensohle: 141,80 m = 108,20 m NN
Bearbeiter: F. Lotze

Teufe bis m		nach Lotze	a und d	neu
5,50	Letten			
28,00	Sandstein grau	35–32	sm	IIIa

33,20	Letten rot sandig	31		IIb
41,00	Sandstein hellgrau	30		
60,50	Letten rot tonig	29		
139,00	Buntsandstein	28–18		IIa–Ia
141,80	Letten rot	17	su	

Anlage 39

T 2 Brunnenbohrloch 2 der Gemeinde Ziegelroda

Etwa 600 m nördlich Ziegelroda
Blatt Ziegelroda r 62580 h 89550 Gok. 293,20 m NN
Brunnensohle: 120,57 m = 172,63 m NN
Bearbeiter: F. LOTZE

Teufe bis m		nach LOTZE		neu
4,00	Lehm und lehmiger Sand		d	
16,20	Sandstein rot z. T. auch weiß	40	sm	IVa
19,20	Buntsandstein tonig	39		IIIb
24,30	Sandstein rot z. T. auch weiß			
27,15	Buntsandstein rot mit Letten z. T. stark tonig			
30,25	Sandstein rot sehr fest			
34,00	Buntsandstein rot tonig			
35,80	Sandstein rot			
38,50	stark tonige Schichten			
42,70	Buntsandstein weiß z. T. rot			
47,70	tonige Schichten rot braunblau	38		
71,50	Sandstein hellgrau	37		
77,40	Buntsandstein rot tonig	36		
107,00	Sandstein rot lagenweise weiß z. T. sehr hart	35–32		IIIa
112,30	Lettige Schichten rot	31		IIb
114,65	sandige Schichten rot	30		
120,57	Buntsandstein rot mit Letten	30–29		

Anlage 42a

Zusammenstellung der wichtigsten Zahlen- und Horizontangaben der Buntsandsteinbrunnen

Lfd. Nr.	Brunnen	Brunnen-Nr.	Brunnentiefe u. Gok.	Brunnentiefe NN	Brunnentiefe bis	Üb. Druck	Wasserspiegel unabgesenkt in	Wasserspiegel unabgesenkt NN	Wasserspiegel unabgesenkt u. Gok.	Wasserspiegel abgesenkt um	Wasserspiegel abgesenkt NN	Wasserspiegel abgesenkt in	Durchschnittliche Förderung m³/min	Durchschnittliche spez. Erg. m³/min l/s	Maximale Förderung m³/min	Maximale spez. Erg.
1	Lützkendorf I	T 18	350,00	−237,00	IIb	+	üb. sm	110,50	2,50	114,13	−3,63	üb. sm	0,469	0,004	0,500	0,004
														0,07		
2	Lützkendorf II	T 19	351,00	−240,50	IIb	+	,,	110,50	Überl.	86,86	24,24	,,	0,544	0,006	?	?
														0,10		
3	Cecilie	T 20	198,00	−125,80	IVb	+	,,	72,20	,,	56,38	15,82	,,	0,662	0,012	1,000	0,016
														0,20		
4	Stöbnitz	T 17	308,55	−186,55	IIIb	+	—	—	—	—	—	—	—	—	—	—
5	Leonhardt	T 21	310,70	−250,48	IIIa	+	,,	60,22	,,	28,73	31,49	,,	0,652	0,023	0,800	0,035
														0,38		
6	Beuna I	T 24	93,70	−19,84	Va	+	,,	73,86	,,	39,60	34,26	,,	0,303	0,008	0,603	0,012
														0,13		
7	Beuna II	T 25	102,30	+4,13	IVa	+	,,	98,43	8,00	38,90	59,53	,,	0,587	0,015	0,800	0,023
														0,25		
8	Beuna III	T 26	113,25	−7,25	IIIb	+	,,	97,32	8,68	14,32	83,00	,,	0,200	—	0,470	0,033
														0,23		
9	Beuna IV	T 27	104,95	+0,97	IIIb	—	—	—	—	—	—	—	—	—	—	—
10	Neumark I	T 22	100,20	+33,20	IIIb	—	Va	104,40	29,00	71,20	33,20	IIIb	0,350	0,005	—	—
														0,08		
11	Gr. Kayna II	T 31	193,70	−72,45	IIa	+	Va	102,90	18,35	16,15	86,75	IVb	(0,8)	ca. 0,070	1,800	0,112
				+1,25	IIIa	—	—	—	—	—	—	—	—	1,17	—	—
12	Gr. Kayna I	T 30	125,00	−7,50	IIIa	+	Va	102,90	14,60	7,20	95,70	IVa	(0,5)	ca. 0,070	0,630	0,088
														1,17		
13	F Elise II	T 11	134,25	+2,33	IIb	—	IVa	114,60	21,98	19,09	95,51	IIIb	0,577	0,030	0,823	0,046
														0,50		
14	H Elise II	T 13	102,00	+33,88	IIIa	—	IVa	115,50	20,38	23,07	92,43	IIIb	0,627	0,034	1,228	0,054
														0,56		
15	I Mücheln II	T 14	120,00	+15,56	IIb	—	IVa	118,06	17,50	—	—	—	—	—	—	—
16	G Elise II	T 12	102,00	+33,60	IIIa		IVa	117,10	18,50	24,86	92,24	IIIb	0,648	0,026	—	—
						—								0,43		
17	Beuna 43/49	T 28	51,00	+54,10	IIIa		üb. sm	97,60	7,50	—	—	—	—	—	—	—
18	Nd. Klobikau I	T 9	120,00	+ 3,00	IIa	—	IIIb	114,00	9,00	30,14	83,86	IIIa	0,617	0,021	1,000	0,024
						—								0,35		
19	Beuna 62/50	T 29	50,70	+54,43	IIb		üb. sm	97,33	7,80	?	?	IIIa ?	0,100	—	—	—
						—	,,	109,00	Überl.	28,28	80,72	IIIa	0,756	0,027	1,500	0,064
20	Nd. Klobikau II	T 8	120,00	−11,00	IIa	+ ?								0,45		
21	Milzau	T 7	106,10	−8,60	Ib	—	,,	93,50	4,00	12,00	81,50	üb. sm	0,400	0,033	—	—
														0,55(fr.)		

Anlage 42b

Reihenfolge der Buntsandsteinbrunnen geordnet nach

an . . . Stelle	a) tiefster erbohrter Horizont (21 Brunnen)		b) Brunnensohle über NN (21 Brunnen)		c) Horizonte, in denen der Wasserspiegel liegt unabgesenkt (19 Brunnen)	d) abgesenkt (15 Brunnen)	e) Durchschnitts-förderung (17 Brunnen)		f) Durchschnittliche spez. Ergiebigkeit (13 Brunnen)		g) Maximalförderung (12 Brunnen)		h) maximale spez. Ergiebigkeit (12 Brunnen)	
1	Milzau	Ib	Leonhardt	−250,48	Lützkendf. II	Leonhardt	Gr. Kayna II	(0,8)	Brunnen H	0,034	Gr. Kayna II	1,800	Gr. Kayna II	0,112
2	Nd. Klobikau II	IIa	Lützkendf. II	−240,50	Leonhardt	Lützkdf. II	Nd. Klob. II	0,756	Milzau	0,033	Nd. Klob. II	1,500	Gr. Kayna I	0,088
3	Nd. Klobikau I	IIa	Lützkendf. I	−237,00	Lützkendf I	Cecilie	Cecilie	0,662	Brunnen F	0,030	Brunnen H	1,228	Nd. Klob. II	0,064
4	Gr. Kayna II	IIa	Stöbnitz	−186,55	Cecilie	Lützkdf. I	Leonhardt	0,652	Nd. Klob. II	0,027	Cecilie	1,000	Brunnen H	0,054
5	Lützkendf. I	IIb	Cecilie	−125,80	Beuna I	Beuna I	Brunnen G	0,648	Brunnen G	0,026	Nd. Klob. I	1,000	Brunnen F	0,046
6	Brunnen F	IIb	Gr. Kayna II (fr.)	−72,45	Beuna II	Beuna III	Brunnen H	0,627	Leonhardt	0,023	Brunnen F	0,823	Leonhardt	0,035
7	Lützkendf. II	IIb	Beuna I	−19,84	Beuna III	Beuna II	Nd. Klob. I	0,617	Nd. Klob. I	0,021	Leonhardt	0,800	Beuna III	0,033
8	Br. I (Müch)	IIb	Nd. Klobikau II	−11,00	Neumark I	Gr. Kayna II	Beuna II	0,587	Beuna II	0,015	Beuna II	0,800	Nd. Klob. I	0,024
9	Beuna 62/50	IIb	Milzau	−8,60	Gr. Kayna II	Gr. Kayna I	Brunnen F	0,577	Cecilie	0,012	Gr. Kayna I	0,630	Beuna II	0,023
10	Beuna 43/49	IIIa	Gr. Kayna I	−7,50	Gr. Kayna I	Brunnen F	Lützkdf. II	0,544	Beuna I	0,008	Beuna I	0,603	Cecilie	0,016
11	Brunnen G	IIIa	Beuna III	−7,25	Brunnen F	Brunnen G	Gr. Kayna I	(0,5)	Lützkdf. II	0,006	Lützkdf. I	0,500	Beuna I	0,012
12	Gr. Kayna I	IIIa	Beuna IV	+0,97	Br. I (Mü)	Brunnen H	Lützkdf I	0,469	Neumark I	0,005	Beuna III	0,470	Lützkdf I	0,004
			Gr. Kayna II	+1,25										
13	Brunnen H	IIIa	Brunnen F	+2,33	Brunnen H	Nd. Klob. I	Milzau	(0,4)	Lützkdf. I	0,004				
14	Leonhardt	IIIa	Nd. Klobikau I	+3,00	Brunnen G	Nd. Klob. II	Neumark I	(0,35)						
15	Stöbnitz	IIIb	Beuna II	+4,13	Nd. Klob. I	Milzau	Beuna I	0,303						
16	Neumark I	IIIb	Br. I (Müch)	+15,56	Nd. Klob. II		Beuna III	0,200						
17	Beuna IV	IIIb	Neumark I	+33,20	Beuna 43/49		Beu. 62/50	0,100						
18	Beuna III	IIIb	Brunnen G	+33,60	Beuna 62/50									
19	Beuna II	IVa	Brunnen H	+33,88	Milzau									
20	Cecilie	IVb	Beuna 43/49	+54,10										
21	Beuna I	Va	Beuna 62/50	+54,43										

Geschätzte Durchschnittswerte in Klammern

Anlage 42 c

Stellenzuordnung der Brunnen bei:

Lfd. Nr.	Brunnen	a)	b)	c)	d)	e)	f)	g)	h)
1	Lützkendorf I	5	3	3	4	12	13	11	12
2	Lützkendorf II	7	2	1	2	10	11	–	–
3	Cecilie	20	5	4	3	3	9	4	10
4	Stöbnitz	15	4	–	–	–	–	–	–
5	Leonhardt	14	1	2	1	4	6	7	6
6	Beuna I	21	7	5	5	15	10	10	11
7	Beuna II	19	15	6	7	8	8	8	9
8	Beuna III	18	11	7	6	16	–	12	7
9	Beuna IV	17	12	–	–	–	–	–	–
10	Neumark I	16	17	8	–	14	12	–	–
11	Gr. Kayna II	4	6	9	8	1	–	1	1
12	Gr. Kayna I	12	10	10	9	11	–	9	2
13	Brunnen F	6	13	11	10	9	3	6	5
14	Brunnen H	13	19	13	12	6	1	3	4
15	Brunnen I (Mü)	8	16	12	–	–	–	–	–
16	Brunnen G	11	18	14	11	5	5	–	–
17	Beuna 43/49	10	20	17	–	–	–	–	–
18	Nd. Klobikau I	3	14	15	13	7	7	5	8
19	Beuna 62/50	9	21	18	–	17	–	–	–
20	Nd. Klobikau II	2	8	16	14	2	4	2	3
21	Milzau	1	9	19	15	13	2	–	–

Anlage 43

Graphische Darstellung der Summe der prozentualen Häufigkeit der Hoch- und Tiefstände von 191 Beobachtungsbrunnen

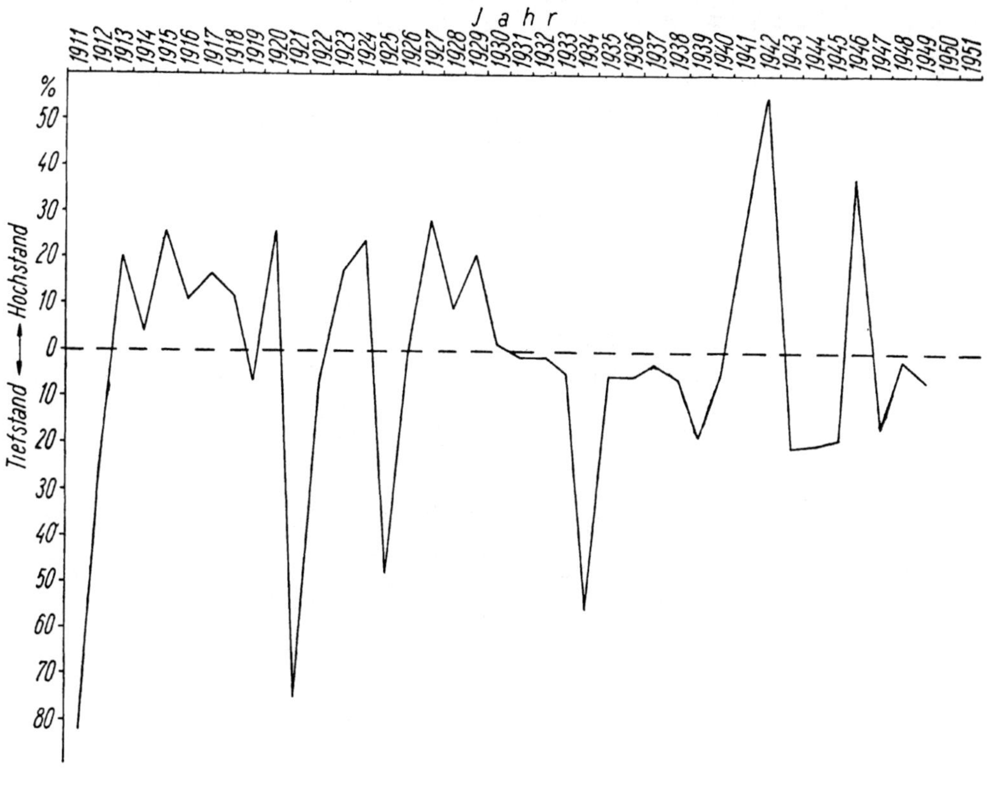

Anlage 44

Nr. 45 Kontrollbrunnen 1, Verband Netzschkau Meßbezirk II

Oberklobikau an der Bahn
Blatt Schafstädt r 87940 h 90190 Gok. 127,14 m NN
Brunnensohle: 8,86 m = 118,28 m NN
Bearbeiter: ?
Entnommen aus: Akten der HA Wasserwirtschaft des Ministeriums für Land- und Forstwirtschaft Halle

Teufe bis m		
0,40	Mutterboden	a
3,20	Lößlehm	d
7,40	Lehm mit Sandschichten	
8,50	Kaolin	sm
9,25	Sand weißgrau tonig wasserführend	
ab 9,25	Ton grau	

Wasserspiegel (maximal) 5,70 m = 121,44 m NN
Wasserspiegel (minimal) 8,60 m = 118,54 m NN

Anlage 45

Nr. 124 Kontrollbrunnen 3, Gemeinde Geusa

Am Spritzenhaus
Blatt Merseburg-West r 95920 h 89160 Gok. 96,17 m NN
Brunnensohle: 4,30 m = 91,87 m NN
Bearbeiter: ?
Entnommen aus: Akten der HA Wasserwirtschaft des Ministeriums für Land- und Forstwirtschaft Halle

Teufe bis m		
1,00	Mutterboden	a
3,00	Letten steinig	d
4,70	Kies grob	

Wasserspiegel (maximal) 0,63 m = 95,54 m NN
Wasserspiegel (minimal) 2,77 m = 93,40 m NN

Anlage 46

Nr. 139 Kontrollbrunnen 1, Kötzschen

Am Feldweg westlich Leunawerk
Blatt Merseburg-West r 99200 h 87200 Gok. 100,77 m NN
Brunnensohle. 3,78 m = 96,99 m NN
Bearbeiter: ?
Entnommen aus: Akten der HA Wasserwirtschaft des Ministeriums für Land- und Forstwirtschaft Halle

Teufe bis m		
0,40	Mutterboden	a
3,50	Kies	d
4,30	Sand grau	

Wasserspiegel (maximal) 0,41 m = 100,36 m NN
Wasserspiegel (minimal) 1,97 m = 98,80 m NN

Anlage 47

Nr. 193 Bohrloch 8/37 der Grube Elise II

Gärtnerei südlich der Fabrik
Blatt Schafstädt r 86700 h 87850 Gok. 138,33 m NN
Brunnensohle. 62,65 m = 75,68 m NN
Bearbeiter: ?
Entnommen aus: Bohrakten der Markscheiderei Mücheln

Teufe bis m		
0,30	Mutterboden	a
4,60	Löß	d
7,00	Sand gelb lehmig	
12,50	Geschiebemergel gelb steinig	
16,00	Geschiebemergel grau steinig	
18,00	Ton grau sandig mit Kiesschichten	
19,60	Sand grau scharf 2 mm ∅	e
20,10	Kohle	
24,60	Ton grau	
27,30	Kohle mit Tonstreifen	
28,70	Kohle	
30,00	Kohle mit Sand und Tonschichten	
31,00	Kohle	
36,40	Ton grau fett	
38,40	Kohle	
43,00	Ton braun	
50,00	Ton grau fett	
52,80	Sand grau bis 1 mm ∅	
54,90	Kohle	
56,30	Sand braun fest bis 3 mm ∅	
62,65	Ton graublau fett	so

Wasser angebohrt bei		10,00 m = 128,33 m NN
Wasser gefallen bis		26,00 m = 112,33 m NN
Wasserspiegel im Diluvium	(maximal)	8,05 m = 130,28 m NN
	(minimal)	12,94 m = 125,39 m NN
Wasserspiegel im Tertiär	(maximal)	24,63 m = 113,70 m NN
	(minimal)	28,25 m = 110,08 m NN

Anlage 48

Nr. 196 Bohrloch 843/35 der Grube Elisabeth

Westlich der Brikettfabrik Elisabeth
Blatt Schafstädt r 86770 h 86660 Gok. 121,10 m NN
Brunnensohle 14,00 m = 107,10 m NN
Bearbeiter: ?
Entnommen aus: Bohrakten der Markscheiderei Mücheln

Teufe bis m		
1,20	Mutterboden	a
4,00	Lehm (Löß)	d
8,10	Sand gelb tonig	
14,00	Kohle wasserführend	e

Wasser angebohrt bei	8,10 m = 113,00 m NN
Wasser gestiegen bis	7,60 m = 113,50 m NN
Wasserspiegel (maximal)	3,12 m = 117,98 m NN
Wasserspiegel (minimal)	5,30 m = 115,80 m NN

Anlage 49

Nr. 198 Bohrloch 841/35 der Grube Elisabeth

Dorflage Zorbau
Blatt Schafstädt r 87300 h 85860 Gok. 118,00 m NN
Brunnensohle: 25,20 m = 92,80 m NN
Bearbeiter: ?
Entnommen aus: Bohrakten der Markscheiderei Mücheln

Teufe bis m		
1,40	Mutterboden	a
3,50	Aufgefüllter Boden	
5,70	Kies grau tonig	d
7,30	Sand grau tonig	
9,10	Kies grau tonig (fast nur Muschelkalkgerölle)	
23,70	Kohle ohne Wasser	e
25,20	Kohle wasserführend	

Wasser angebohrt bei	24,00 m =	94,00 m NN
Wasser gestiegen bis	22,40 m =	95,60 m NN
Wasserspiegel (maximal)	7,63 m =	110,37 m NN
Wasserspiegel (minimal)	21,20 m =	96,80 m NN

Anlage 50

Nr. 213 Bohrloch 30/33 der Grube Leonhardt

Neumark Dorfstraße am Denkmal
Blatt Merseburg-West r 91490 h 85100 Gok. 106,14 m NN
Brunnensohle: 62,80 m = 43,34 m NN
Bearbeiter: ?
Entnommen aus: Bohrakten der Markscheiderei Neumark

Teufe bis m		
1,50	Aufgefüllter Boden	a
2,80	Lehm (Löß)	d
6,00	Kies grau grob	
9,40	Geschiebemergel grau steinig (Letten)	
34,00	Kies grau grob, intergl. Unstrutschotter	
61,80	Kohle	e
62,80	Ton grün geht ins Feste über	Übergangston zum so

Wasser angebohrt bei	21,00 m =	85,14 m NN
Wasserspiegel (maximal)	14,70 m =	91,97 m NN
Wasserspiegel (minimal)	29,62 m =	76,52 m NN

Anlage 51

Nr. 214 Bohrloch 23/31 der Grube Leonhardt

Dorflage Benndorf
Blatt Merseburg-West r 91800 h 85485 Gok. 106,38 m NN
Brunnensohle: 76,10 m = 30,28 m NN
Bearbeiter: ?
Entnommen aus: Bohrakten der Markscheiderei Neumark

Teufe bis m		
1,20	Mutterboden	a
4,50	Lehm	d
8,20	Sand gelb lehmig	
13,20	Kies grau	
17,10	Geschiebemergel grau steinig (Letten)	
73,00	Kohle	e
76,10	Ton grün	Übergang zum so ?

Wasser angebohrt bei	12,00 m =	94,38 m NN
Wasserspiegel (maximal)	11,82 m =	94,56 m NN
Wasserspiegel (minimal)	17,55 m =	88,83 m NN

Anlage 52

Nr. 215 Bohrloch 14/36 der Grube Leonhardt

Benndorf, Gebiet der späteren Rutschung
Blatt Merseburg-West r 91770 h 85735 Gok. 108,63 m NN
Brunnensohle: 73,65 m = 34,98 m NN
Bearbeiter: ?
Entnommen aus: Bohrakten der Markscheiderei Neumark

Teufe bis m		
0,30	Mutterboden	a
3,90	Lehm (Löß)	d
6,00	Geschiebelehm gelb (Letten)	
10,00	Geschiebemergel grau steinig (Letten)	
17,00	Quarzkies trocken	e
18,90	Sand grau fein	
28,00	Kohle trocken	
56,40	Kohle schlammig	
72,60	Kohle fest	
73,55	Ton graugrün	Übergangston z. so
73,65	Gestein fest braust mit HCl	so ?

Wasser angebohrt bei	28,00 m = 80,63 m NN
Wasserspiegel (maximal)	22,72 m = 85,91 m NN
Wasserspiegel (minimal)	51,55 m = 57,08 m NN

Anlage 53

Nr. 217 Bohrloch 1/43 der Grube Leonhardt

An der Markscheide Leonhardt zu Cecilie
Blatt Merseburg-West r 90870 h 85500 Gok. 116,71 m NN
Brunnensohle: 78,00 m = 38,71 m NN
Bearbeiter: ?
Entnommen aus: Bohrakten der Markscheiderei Neumark

Teufe bis m		
0,50	Aufschüttung	a
1,30	Mutterboden	
4,30	Löß	d
4,80	Geschiebelehm	
5,30	Steine	
6,10	Sand gelb	
9,60	Letten mit Steinen	
10,00	Sand grau	
14,00	Letten mit Steinen	
35,00	Kohle	e
44,60	Kohle fest	
76,60	Bankkohle	
77,30	Sand grau fest	
78,00	Ton blaugrau fett	

Wasser angebohrt bei	44,00 m = 72,71 m NN
Wasser gestiegen bis	37,00 m = 79,71 m NN
Wasserspiegel (maximal)	31,94 m = 84,77 m NN
Wasserspiegel (minimal)	37,18 m = 79,53 m NN

Anlage 54

Nr. 220 Bohrloch 18/39 der Grube Leonhardt

Westfeld südlich der Fabrik
Blatt Merseburg-West r 91440 h 86780 Gok. 124,09 m NN
Brunnensohle: 32,70 m = 91,39 m NN
Bearbeiter: ?
Entnommen aus: Bohrakten der Markscheiderei Neumark

Teufe bis m		
1,00	Aufschuttung	a
2,00	Mutterboden	
5,30	Lehm (Löß)	d
7,00	Geschiebelehm	
7,80	Sand grau	e
11,00	Quarzkies mit Tonschichten	
11,90	Kohle sandig	
13,10	Sand grau wasserfuhrend	
14,20	Kohle sandig mit Sandsteinen	
18,00	Kohle unrein	
19,50	Sand braun wasserführend	
31,80	Kohle z. T unrein	
32,40	Ton grau fett	
32,70	Ton blaugrau sandig	

Wasser angebohrt bei	11,00 m = 113,09 m NN
Wasser gestiegen bis	9,40 m = 114,89 m NN
Wasserspiegel (maximal)	7,78 m = 116,31 m NN
Wasserspiegel (minimal)	13,21 m = 110,88 m NN

Anlage 55

Nr. 225 Bohrloch 3/35 der Grube Tannenberg (Pf = 01135)

Gemarkung Naundorf
Blatt Merseburg-West r 93800 h 86160 Gok. 102,27 m NN
Brunnensohle: 56,37 m = 45,90 m NN
Bearbeiter: ?
Entnommen aus: Bohrakten der Markscheiderei Neumark

Teufe bis m		
1 40	Mutterboden	a
3,30	Lehm (Löß)	d
5,70	Sand gelb lehmig	
7,80	Geschiebemergel	
11,90	Kies grau grob	e
16,50	Sand braun fest	
42,80	Kohle rein	
43,10	Kohle tonig	
51,70	Kohle rein	
52,20	Ton braun mit Kohle	
53,40	Sand braun fest	
56,37	Kies braun	

Wasser angebohrt bei	36,50 m = 65,77 m NN
Wasserspiegel (maximal)	27,58 m = 74,69 m NN
Wasserspiegel (minimal)	39,17 m = 63,10 m NN

Anlage 56

Nr. 226 Bohrloch 6/33 der Grube Michel-Vesta

Südlich des Tagebaues an der Hochkippe Vesta
Blatt Weißenfels r 94260 h 83839 Gok. 107,06 m NN
Brunnensohle: 28,83 m = 78,23 m NN
Bearbeiter: ?
Entnommen aus: Bohrakten der Markscheiderei Großkayna

Teufe bis m		
0,50	Mutterboden	a
3,10	Lehm	d
3,50	Sand gelb lehmig trocken	
4,20	Kies gelb lehmig	
5,60	Letten gelb sandig	
16,70	Letten grau sandig	
22,50	Kies grau grob trocken	e
27,70	Kohle erdig	
28,83	Kies grau grob mit Wasser	

Wasser angebohrt bei	27,70 m = 79,36 m NN
Wasser gestiegen bis	22,50 m = 84,56 m NN
Wasserspiegel (maximal)	15,95 m = 91,11 m NN
Wasserspiegel (minimal)	trocken

Anlage 57

Nr. 227 Bohrloch 5/33 der Grube Michel-Vesta

Dorflage Großkayna
Blatt Weißenfels r 95865 h 84174 Gok. 111,44 m NN
Brunnensohle: 51,00 m = 59,48 m NN
Bearbeiter: ?
Entnommen aus: Bohrakten der Markscheiderei Großkayna

Teufe bis m		
0,90	Auffüllung	a
4,00	Lehm	d
7,20	Letten gelb sandig mit Steinen	
7,60	Kies fein trocken	
8,20	Sand gelb lehmig trocken	
8,50	Sand gelb scharf feucht	
9,10	Letten gelb sandig	
9,60	Ton braun mit Kohle	e
11,20	Kohle mulmig	
13,10	Kies grau grob trocken	
15,50	Sand braun scharf trocken	
17,00	Sand grau scharf trocken mit Kies und Lettenschichten	
17,90	Sand grau scharf mit Kiesschichten wasserführend	
39,10	Ton hellgrau sandig	
45,40	Ton grau braun sandig	
47,60	Sand braun stark tonig	
50,20	Ton braun sandig mit Kohle	
51,96	Ton grün sandig kalkhaltig	so ?

Wasser angebohrt bei	17,00 m — 94,44 m NN
Wasserspiegel (maximal)	15,83 m — 95,61 m NN
Wasserspiegel (minimal)	17,34 m = 94,10 m NN

Anlage 58

Nr. 230 Bohrloch 35/42 der Grube Michel-Vesta

Gemarkung Frankleben
Blatt Merseburg-West r 94981 h 86018 Gok. 98,50 m NN
Brunnensohle: 32,60 m = 65,90 m NN
Bearbeiter: ?
Entnommen aus: Bohrakten der Markscheiderei Großkayna

Teufe bis m		
1,80	Mutterboden	a
5,80	Löß sandig	d
6.90	Quarzsand scharf fest	
8,00	Kies grau grob fest	
18,60	Kohle	e
19,30	Ton graubraun sandig	
23,20	Quarzsand scharf fest	
24,80	Quarzkies fein	
26,70	Quarzkies grob fett	
27,40	Kohle tonig	
28,70	Quarzsand scharf fest	
30,40	Ton grau sandig	
32,60	Ton graublau sandig	

Wasser angebohrt bei	26,30 m = 72,20 m NN
Wasserspiegel (maximal)	20,67 m = 77,83 m NN
Wasserspiegel (minimal)	26 86 m = 71,64 m NN

Anlage 59

Schichtenfolgen von 15 Grundwassermeßstellen (Auf NN bezogen)

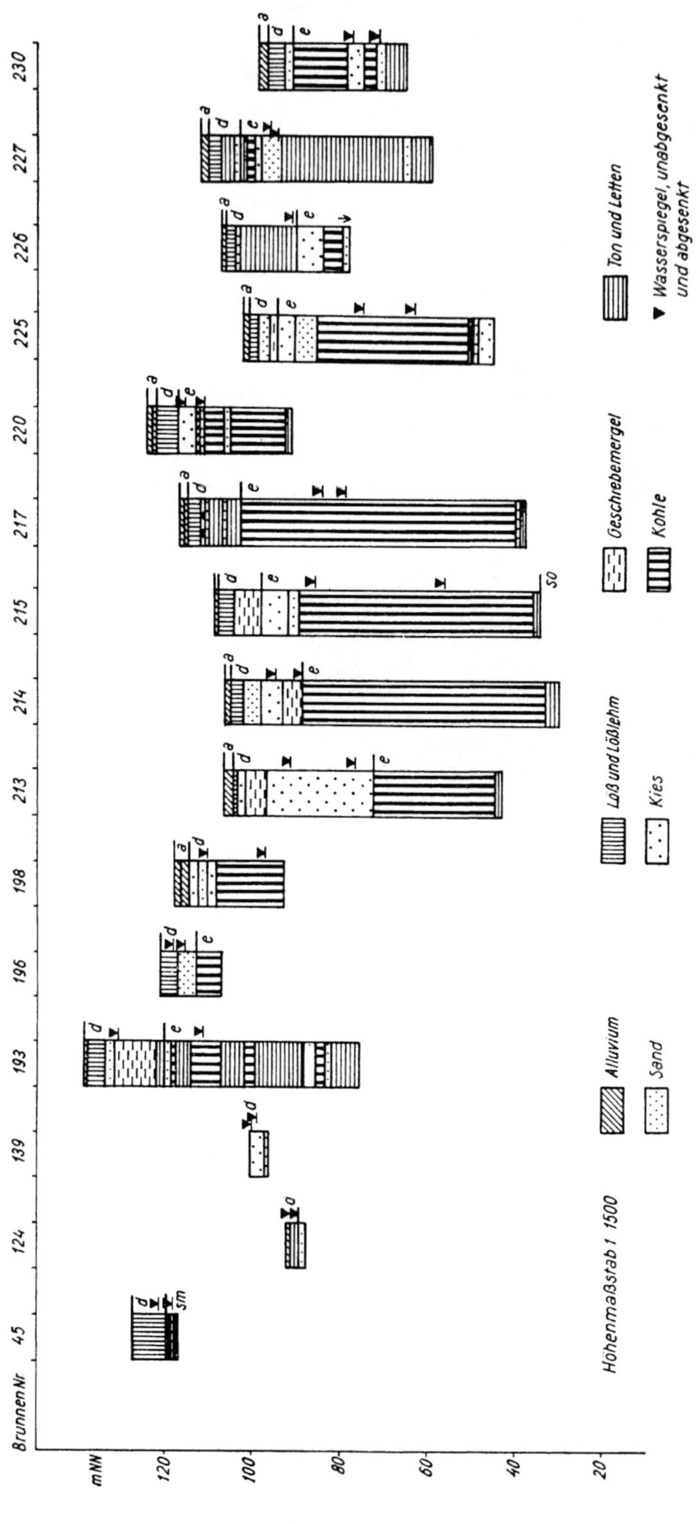

Anlage 60

Ganglinien von 12 Grundwassermeßstellen Nr. 22, 45, 47, 81, 102, 106, 124, 139, 146, 148, 153, 154

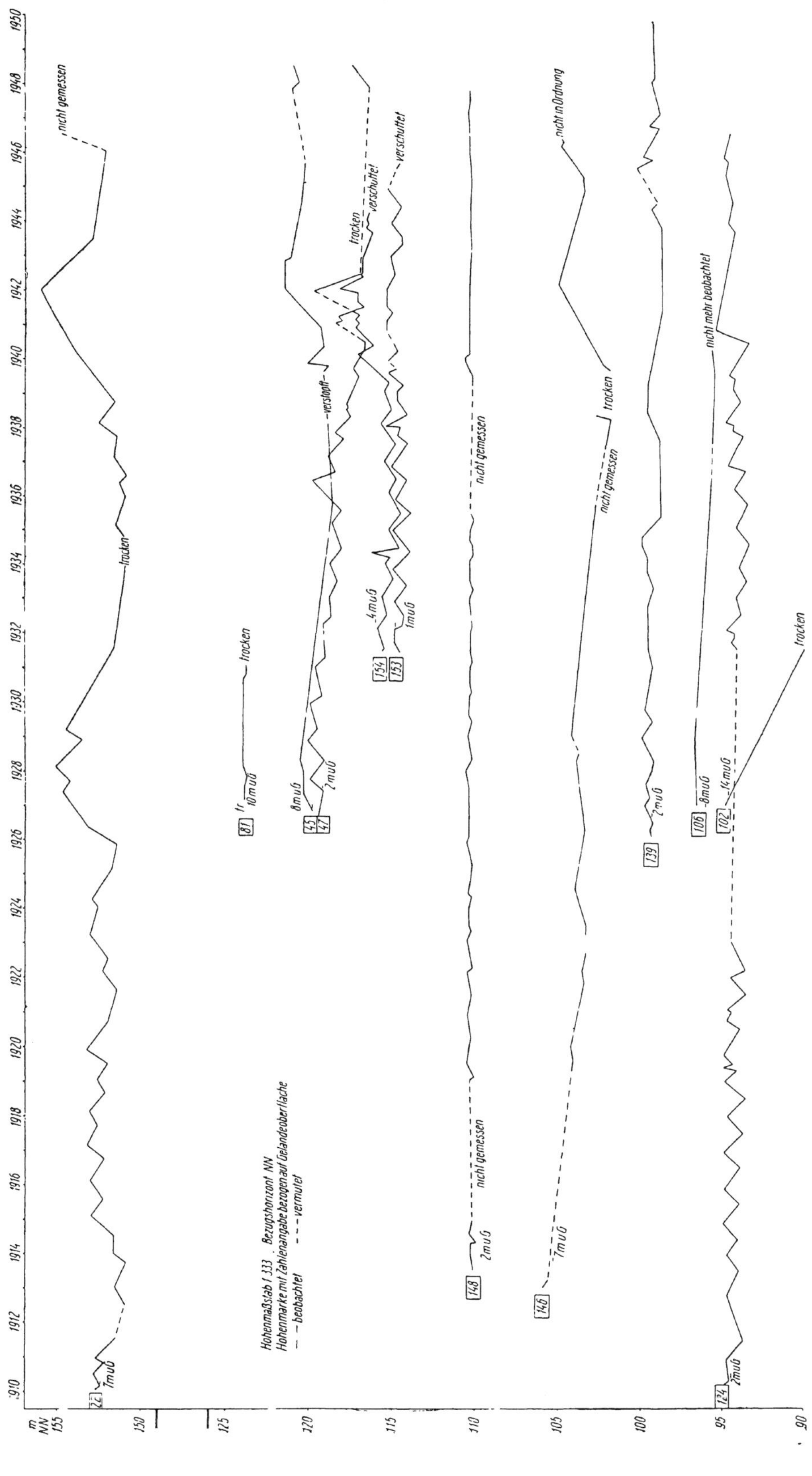

Anlage 61

Ganglinien von 5 Grundwassermeßstellen Nr. 193a u. b, 196, 198, 220

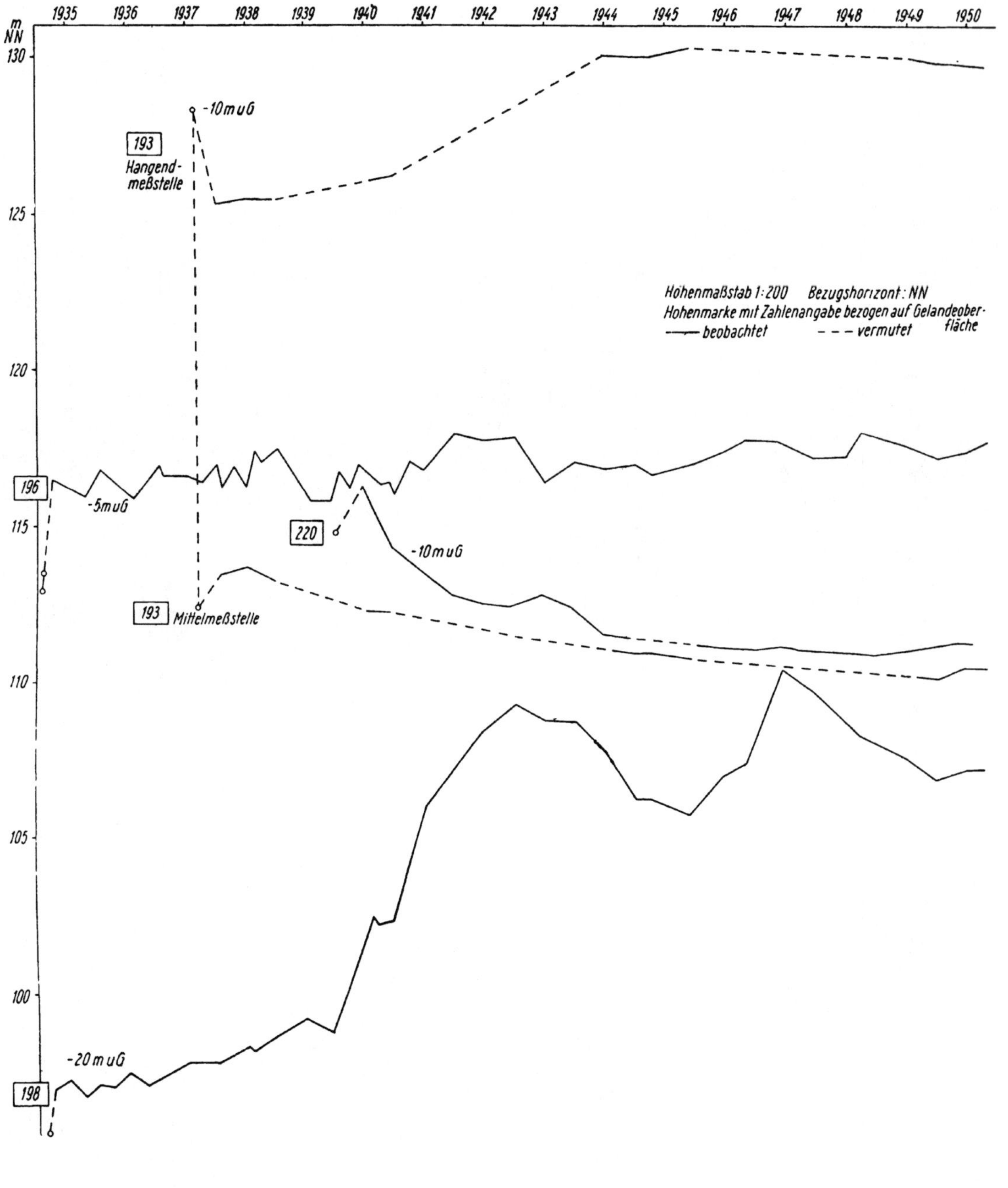

Anlage 62

Ganglinien von 8 Grundwassermeßstellen Nr. 213—215, 217, 225—227, 230

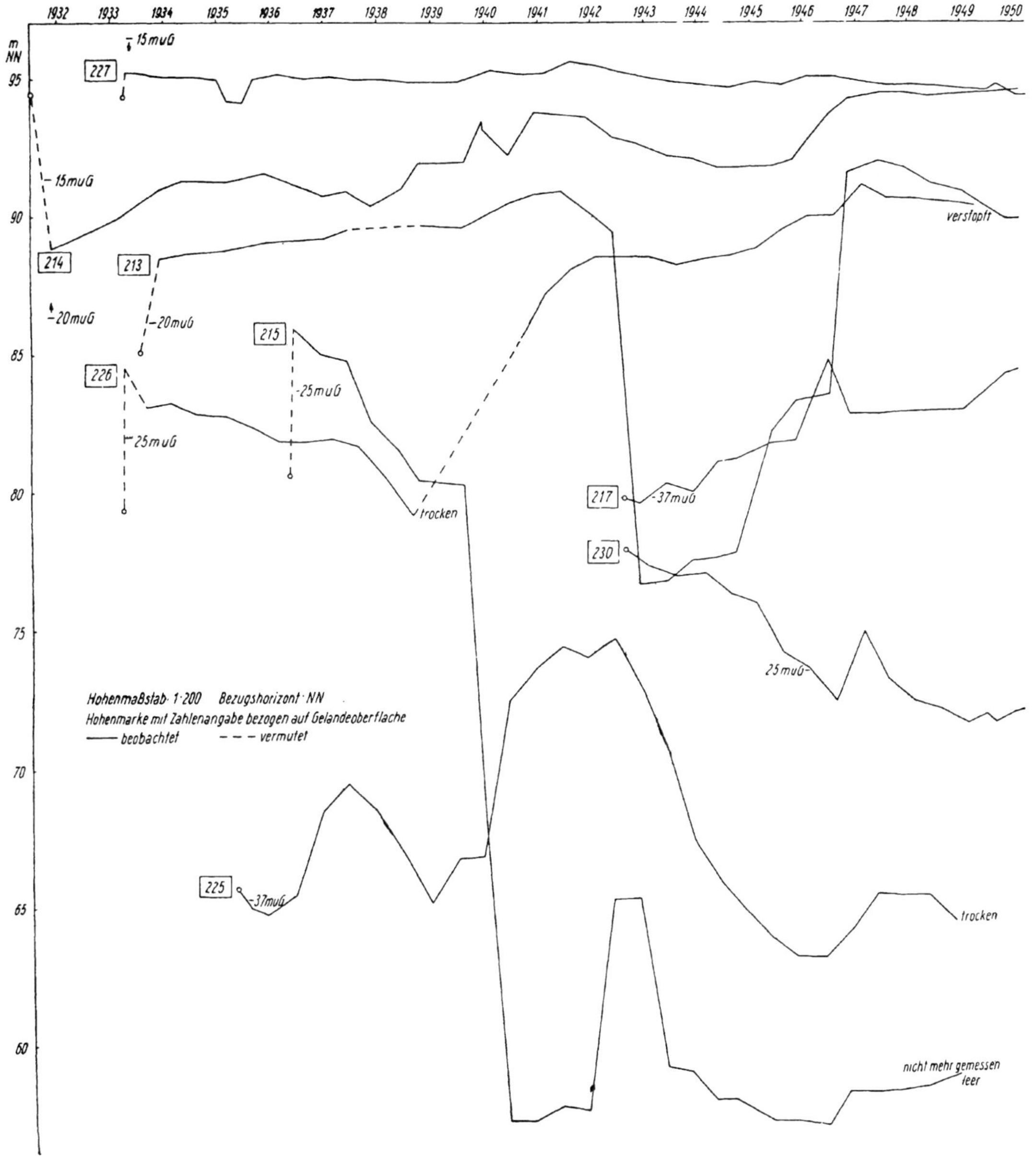

Anlage 63

Zusammenstellung der wichtigsten Zahlenangaben von 230 Grundwassermeßstellen

Lfd. Nr.	alte Bezeichnung	Gok	Brunnentiefe u. Gok = NN	Wasserpiegel (max) NN = u. Gok – u. Gok = NN (min)	Zeitraum
1	Wbr. 29, Verband St. Ulrich Meßbez. III in St. Micheln	153,42	10,04 = 143,38	148,62 = 4,80 – 9,40 = 144,02	1939—1945
2	Wbr. 28, Verband St. Ulrich Meßbez. III in St. Micheln	149,14	6,69 = 142,45	147,64 = 1,50 – 5,86 = 143,28	1939—1945
3	Wbr. 27, Verband St. Ulrich Meßbez. III in St. Micheln	149,44	6,69 = 142,75	147,33 = 2,11 – 5,55 = 143,89	1939—1945
4	Wbr. 26, Verband St. Ulrich Meßbez. III in St. Micheln	147,03	4,21 = 142,82	146,63 = 0,40 – 3,54 = 143,49	1939—1945
5	Wbr. 30, Verband St. Ulrich Meßbez. III in St. Micheln	149,81	7,24 = 142,57	146,98 = 2,83 – 5,90 = 143,91	1939—1945
6	Wbr 31, Verband St. Ulrich Meßbez. III in St. Micheln	158,83	14,98 = 143,85	146,39 = 12,44 – 14,96 = 143,87	1939—1945
7	Wbr. 32, Verband St. Ulrich Meßbez. III in St. Micheln	160,70	17,42 = 143,28	145,95 = 14,75 – 16,85 = 143,85	1939—1945
8	Wbr. 3, Verband St. Ulrich Meßbez. III in St. Micheln	155,06	14,08 = 140,98	142,54 = 12,52 – 13,80 = 141,26	1925—1945
9	Wbr. 33, Verband St. Ulrich Meßbez. III in St. Micheln	145,96	3,84 = 142,12	144,12 = 1,84 – 3,83 = 142,13	1939—1945
10	Wbr. 8, Verband St. Ulrich Meßbez. III in St. Micheln	145,87	5,16 = 140,71	144,87 = 1,00 – 1,74 = 144,13	1935—1945
11	Wbr. 24, Verband St. Ulrich Meßbez. III in St. Ulrich	143,78	4,18 = 139,60	142,70 = 1,08 – 3,00 = 140,78	1939—1945
12	Kbr. IV, Verband St. Ulrich Meßbez. III in St. Ulrich	141,82	4,26 = 137,56	141,11 = 0,71 – 3,38 = 138,44	1938—1948
13	Kbr. III, Verband St. Ulrich Meßbez. III in St. Ulrich	146,65	13,69 = 132,96	139,91 = 6,74 – 9,29 = 137,36	1938—1948
14	Kbr. II, Verband St. Ulrich Meßbez. III in St. Ulrich	143,90	12,18 = 131,72	136,10 = 7,80 – 11,84 = 132,06	1938—1943
15	Kbr. I, Verband St. Ulrich Meßbez. III in St. Ulrich	138,99	9,53 = 129,46	135,43 = 3,56 – 11,49 = 127,50	1937—1948
16	Wbr. 22, Verband St. Ulrich Meßbez. III in St. Ulrich	135,86	3,33 = 132,53	134,34 = 1,52 – 2,78 = 133,08	1939—1945
17	Wbr. 21, Verband St. Ulrich Meßbez. III in St. Ulrich	135,84	2,66 = 133,18	133,99 = 1,85 – 2,78 = 133,06	1936—1945
18	Wbr. 4, Verband St. Ulrich Meßbez. III in St. Ulrich	135,63	3,58 = 132,05	133,42 = 2,21 – 3,23 = 132,40	1925—1945
19	Wbr. 9, Verband St. Ulrich Meßbez. III in St. Ulrich	133,02	5,83 = 127,19	131,77 = 1,25 – 4,05 = 128,97	1925—1945
20	Wbr 7, Verband St. Ulrich Meßbez. III in St. Ulrich	133,80	4,78 = 129 02	131,40 = 2,40 – 3,20 = 130,60	1925—1945
21	Wbr III, Eptingen bei Mücheln	128,22	16,14 = 112,08	121,12 = 7,10 – 13,12 = 115,10	1910—1946
22	Kbr I, Schmirma	158,85	9,51 = 149,34	156,15 = 2,70 – 8,60 = 150,25	1910—1947
23	Wbr. II, Schmirma	158,54	6,83 = 151,71	155,70 = 2,84 – 7,74 = 150,80	1910—1948
24	Kbr III, Schmirma	140,71	9,95 = 130,76	136,77 = 3,94 – trocken	1927—1947 tr.
25	Wbr 13, Verband St. Ulrich Meßbez. III in Oechlitz	166,36	26,59 = 139,77	150,06 = 16,30 – 18,56 = 147,80	1936—1945
26	Wbr 20, Verband St. Ulrich Meßbez. III in Oechlitz	153,74	12,24 = 141,50	150,10 = 3,64 – 7,30 = 146,44	1936—1945
27	Wbr 14, Verband St. Ulrich Meßbez. III in Oechlitz	150,65	9,04 = 141,61	146,26 = 4,39 – 6,24 = 144,41	1936—1945
28	Wbr. 12, Verband St. Ulrich Meßbez. III in Oechlitz	150,49	8,32 = 142,17	147,56 = 2,93 – 6,11 = 144,38	1936—1945
29	Wbr. 19, Verband St. Ulrich Meßbez. III in Oechlitz	147,85	4,57 = 143,28	145,75 = 2,10 – 3,30 = 144,55	1936—1945
30	Wbr. 16, Verband St. Ulrich Meßbez. III in Oechlitz	147,34	4,24 = 143,10	145,70 = 1,64 – 2,92 = 144,42	1936—1945
31	Wbr. 15, Verband St. Ulrich Meßbez. III in Oechlitz	146,15	3,83 = 142,32	145,58 = 0,57 – 3,19 = 142,96	1936—1945
32	Wbr 17, Verband St. Ulrich Meßbez. III in Oechlitz	146,00	3,62 = 142,38	145,95 = 0,05 – 1,63 = 144,37	1936—1945
33	Wbr. 18, Verband St. Ulrich Meßbez. III in Oechlitz	144,82	3,95 = 140,87	Überlauf – 0,92 = 143,90	1936—1945

34	Kbr. I, Langeneichstädt	160,14	11,18 = 148,96	157,17 = 2,97 – 4,59 = 155,55	1911—1948
35	Kbr. II, Langeneichstädt	163,92	7,06 = 156,86	162,62 = 1,30 – 3,96 = 159,96	1911—1948
36	Kbr. 1 u. 1a, Oberwünsch	142,03	9,05 = 132,98	141,12 = 0,91 – 3,35 = 138,68	1912—1946
37	Kbr. 2, Oberwünsch	142,70	5,05 = 137,65	141,95 = 0,75 – 2,25 = 140,45	1912—1947
38	Kbr. II, Verband Netzschkau Meßbez. VI, Niederwunsch	133,01	7,74 = 125,27	130,65 = 2,36 – 6,50 = 126,51	1913—1949
39	Wbr III, Verband Netzschkau Meßbez. VI, Niederwünsch	131,79	5,11 = 126,68	131,14 = 0,65 – 4,20 = 127,59	1913—1949
40	Wbr IV, Verband Netzschkau Meßbez. VI, Niederwünsch	132,91	9,03 = 123,88	130,26 = 2,65 – 6,65 = 126,26	1920—1949
41	Kbr I, Verband Netzschkau Meßbez. VI, Niederwünsch	126,74	3,95 = 122,79	126,57 = 0,17 – 3,30 = 123,44	1913—1949
42	Kbr. VII, Verband Netzschkau Meßbez. VI, Niederwünsch	126,06	7,55 = 118,51	123,81 = 2,25 – 7,41 = 118,65	1931—1948
43	Kbr Va u b, Verband Netzschkau Meßbez. VI, Nieder-	132,77	9,39 = 123,38	127,88 = 4,89 – 9,55 = 123,22	1922—1931
	wünsch	133,98	16,10 = 117,88	121,28 = 12,70 – 15,62 = 118,36	1931—1949
44	Kbr. VI, Verband Netzschkau Meßbez. VI, Niederwünsch	134,72	13,20 = 121,52	122,94 = 11,78 – 15,20 = 119,52	1931—1938
45	Kbr. 1, Verband Netzschkau Meßbez. II, Oberklobikau	127,14	8,86 = 118,28	121,44 = 5,70 – 8,60 = 118,54	1927—1949
46	Kbr. 13, Verband Netzschkau, Meßbez. II, Oberklobikau	121,56	3,56 = 118,00	120,86 = 0,70 – 3,50 = 118,06	1927—1949
47	Wbr. 2, Verband Netzschkau Meßbez. II, Oberklobikau	121,07	4,25 = 116,82	119,97 = 1,10 – 4,66 = 116,41	1927—1949
48	Wbr. 3, Verband Netzschkau, Meßbez. II, Oberklobikau	119,31	3,26 = 116,05	118,81 = 0,50 – 3,00 = 116,31	1927—1949
49	Kbr. 12, Verband Netzschkau, Meßbez. II, Niederklobikau	118,57	5,41 = 113,16	117,37 = 1,20 – 4,20 = 114,37	1927—1946
50	Wbr 4, Verband Netzschkau, Meßbez. II ,Niederklobikau	117,08	4,10 = 112,98	115,38 = 1,70 – 3,60 = 113,48	1927—1949
51	Wbr. 24, Verband Netzschkau, Meßbez. II, Niederklobikau	117,77	6,74 = 111,03	115,87 = 1,90 – 4,40 = 113,37	1939—1949
52	Wbr. 25, Verband Netzschkau, Meßbez. II, Niederklobikau	118,01	5,47 = 112,54	117,91 = 0,10 – 3,50 = 114,51	1939—1949
53	Wbr 14, Verband Netzschkau, Meßbez. II, Niederklobikau	117,58	8,16 = 109,42	114,83 = 2,75 – 4,70 = 112,88	1937—1949
54	Wbr 26, Verband Netzschkau, Meßbez. II, Niederklobikau	116,03	4,30 = 111,73	114,13 = 1,90 – 3,35 = 112,68	1939—1949
55	Wbr. 5, Verband Netzschkau, Meßbez. II, Niederklobikau	120,34	9,24 = 111,10	115,14 = 5,20 – 8,20 = 112,14	1927—1949
56	Wbr. 16, Verband Netzschkau, Meßbez. II, Niederklobikau	118,38	6,42 = 111,96	115,30 = 3,08 – 5,88 = 112,50	1937—1949
57	Wbr. 17, Verband Netzschkau, Meßbez. II, Niederklobikau	119,17	7,29 = 111,88	113,67 = 5,50 – 6,65 = 112,52	1937—1949
58	Wbr. 18, Verband Netzschkau, Meßbez. II, Wünschendorf	115,71	5,13 = 110,58	113,16 = 2,55 – 4,15 = 111,56	1937—1949
59	Wbr. 6, Verband Netzschkau, Meßbez. II, Niederklobikau	114,06	2,93 = 111,13	113,36 = 0,70 – 2,26 = 111,80	1927—1949
60	Wbr. 10, Verband Netzschkau ,Meßbez. II, Wünschendorf	114,85	5,70 = 109,15	113,35 = 1,50 – 3,90 = 110,95	1927—1949
61	Wbr 9, Verband Netzschkau, Meßbez. II, Wünschendorf	113,47	3,95 = 109,52	111,67 = 1,80 – 3,15 = 110,32	1927—1949
62	Wbr 11, Verband Netzschkau, Meßbez. II, Reinsdorf	118,29	7,27 = 111,02	114,89 = 3,40 – trocken	1927—1938 tr.
63	Wbr 19, Verband Netzschkau Meßbez. II, Reinsdorf	113,06	5,29 = 107,77	111,76 = 1,30 – 3,54 = 109,52	1937—1949
64	Wbr 20, Verband Netzschkau Meßbez. II, Reinsdorf	114,22	5,15 = 109,07	112,41 = 1,81 – 4,00 = 110,22	1937—1949
65	Wbr. 8, Verband Netzschkau, Meßbez. II, Raschwitz	115,56	9,65 = 105,91	109,26 = 6,30 – 8,75 = 106,81	1927—1949
66	Wbr. 22, Verband Netzschkau, Meßbez. II, Raschwitz	114,13	8,15 = 105,98	110,13 = 4,00 – 6,93 = 107,20	1939—1949
67	Wbr. 21, Verband Netzschkau, Meßbez. II, Raschwitz	113,56	7,89 = 105,67	109,06 = 4,50 – 7,65 = 105,91	1937—1949
68	Wbr 23, Verband Netzschkau, Meßbez. II, Raschwitz	111,92	3,99 = 107,93	110,97 = 0,95 – 4,05 = 107,87	1939—1949
69	Kbr. 7, Verband Netzschkau, Meßbez. II, Raschwitz	109,77	3,89 = 105,88	Überlauf – 1,09 = 108,68	1927—1949
70	Wbr. 29, Verband Netzschkau, Meßbez. I, Cracau	111,18	4,55 = 106,63	107,88 = 3,30 – 4,60 = 106,58	1927—1948
71	Wbr 33, Verband Netzschkau, Meßbez. I, Cracau	110,26	2,12 = 108,14	109,06 = 1,20 – 1,96 = 108,30	1937—1948
72	Wbr. 28, Verband Netzschkau, Meßbez. I, Cracau	112,41	5,40 = 107,01	109,01 = 3,40 – 4,05 = 108,36	1927—1948

noch Anlage 63

Lfd. Nr.	alte Bezeichnung	Gok	Brunnentiefe u. Gok = NN	Wasserspiegel (max) NN = u. Gok – u. Gok = NN (min)	Zeitraum
73	Wbr. 27, Verband Netzschkau, Meßbez. I, Kleingräfendorf	106,98	2,70 = 104,28	106,78 = 0,20 – 1,00 = 105,98	1927—1948
74	Wbr. 26, Verband Netzschkau, Meßbez. I, Kleingräfendorf	108,69	3,30 = 105,39	107,84 = 0,85 – 3,00 = 105,69	1937—1948
75	Kbr 7, Verband Netzschkau, Meßbez. I, Kleingräfendorf	104,94	3,69 = 101,25	Überlauf – 0,80 = 104,14	1927—1946
76	Wbr 24, Verband Netzschkau, Meßbez. I, Schadendorf	107,79	2,95 = 104,84	106,84 = 0,95 – 1,95 = 105,84	1927—1948
77	Wbr 25, Verband Netzschkau, Meßbez. I, Schadendorf	110,10	6,75 = 103,35	107,25 = 2,85 – 4,55 = 105,55	1927—1948
78	Wbr 23, Verband Netzschkau, Meßbez. I, Burgstaden	114,24	9,55 = 104,69	105,88 = 8,36 – 9,10 = 105,14	1927—1948
79	Wbr 21, Verband Netzschkau, Meßbez. I, Unterkriegstedt	105,30	1,65 = 103,65	105,05 = 0,25 – 1,65 = 103,65	1927—1948
80	Kbr 5, Verband Netzschkau, Meßbez. I, Burgstaden	101,83	2,47 = 99,36	101,71 = 0,12 – 1,92 = 99,91	1927—1948
81	Kbr. 6, Verband Netzschkau, Meßbez. I, südl. Burgstaden	133,51	9,84 = 123,67	123,71 = 9,80 – trocken ab 1931	1927—1938 tr
82	Wbr. 17, Verband Netzschkau, Meßbez. I, Unterkriegstedt	99,38	1,80 = 97,58	99,08 = 0,30 – 0,90 = 98,48	1927—1948
83	Wbr. 18, Verband Netzschkau, Meßbez. I, Unterkriegstedt	97,67	?	97,27 = 0,40 – 1,30 = 96,37	1927—1948
84	Kbr. 4, Verband Netzschkau, Meßbez. I, Unterkriegstedt	97,39	3,29 = 94,10	Überlauf – 0,67 = 96,72	1927—1948
85	Wbr 16, Verband Netzschkau, Meßbez. I, Unterkriegstedt	99,95	3,23 = 96,72	99,05 = 0,90 – 2,70 = 97,25	1927—1948
86	Kbr 3, Verband Netzschkau, Meßbez. I, Unterkriegstedt	103,90	5,76 = 98,14	100,82 = 3,08 – 5,40 = 98,50	1927—1948
87	Kbr 1, Verband Netzschkau, Meßbez. I, nördlich Milzau	97,55	3,82 = 93,73	97,37 = 0,18 – 1,72 = 95,83	1927—1948
88	Wbr 13, Verband Netzschkau, Meßbez. I, Bischdorf	96,50	2,05 = 94,45	96,31 = 0,19 – 1,27 = 95,23	1937—1948
89	Wbr 12, Verband Netzschkau, Meßbez. I, Bischdorf	96,17	2,70 = 93,47	95,57 = 0,60 – 1,90 = 94,27	1927—1948
90	Wbr. 10, Verband Netzschkau, Meßbez. I, Netzschkau	95,14	2,85 = 92,29	93,99 = 1,15 – 2,09 = 93,05	1927—1938
91	Kbr. 2, Verband Netzschkau, Meßbez. I, Milzau	94,56	3,98 = 90,58	94,30 = 0,26 – 2,48 = 92,08	1927—1948
92	Wbr. 9, Verband Netzschkau, Meßbez. I, Milzau	95,48	?	94,48 = 1,00 – 1,40 = 94,08	1927—1932
93	Wbr. 11, Verband Netzschkau, Meßbez. I, Milzau	100,46	3,95 = 96,51	99,06 = 1,40 – 3,80 = 96,66	1927—1948
94	Kbr 2, Verband Netzschkau, Meßbez. IV, Bündorf	99,45	7,22 = 92,23	97,33 = 2,12 – 4,32 = 95,13	1927—1946
95	Wbr 3 u. 3a, Verband Netzschkau, Meßbez. IV, Bündorf	93,57	3,12 = 90,45	93,19 = 0,38 – 1,80 = 91,77	1927—1940
		92,32	3,63 = 88 69	91,88 = 0,44 – 1,90 = 90,42	1940—1943
96	Kbr 4 u. 4a, Verband Netzschkau, Meßbez. IV, Bündorf	91,76	2,89 = 88,87	Überlauf – 1,54 = 90,22	1927—1949
97	Wbr. 7, Verband Netzschkau, Meßbez. IV, Knapendorf	97,91	10,65 = 87,26	96,05 = 1,86 – 9,82 = 88,09	1927—1949
98	Wbr. 6 u 6a, Verband Netzschkau, Meßbez. IV, Knapendorf	94,33	2,70 = 91,63	93,68 = 0,65 – 2,53 = 91,80	1927—1934
		93,10	6,28 = 86,82	91,48 = 1,62 – 4,25 = 88,85	1938—1949
99	Wbr. 8, Verband Netzschkau, Meßbez. IV, Knapendorf	94,27	5,65 = 88,62	93,51 = 0,76 – 5,06 = 89,21	1927—1949
100	Kbr. 5, Verband Netzschkau, Meßbez. IV, Knapendorf	90,84	3,76 = 87,08	90,64 = 0,20 – 1,88 = 88,96	1927—1949
101	Kbr. 1, Verband Netzschkau, Meßbez. IV, Knapendorf	88,83	2,60 = 85,78	Überlauf – 1,29 = 87,09	1927—1946
102	Kbr. IV, Blösien	108,09	18,76 = 89,33	94,95 = 13,14 – trocken	1927—1932 tr.
103	Kbr. III, Blösien	104,23	10,75 = 93,48	96,30 = 7,93 – trocken	1927—1933 tr.

104	Kbr II, Blösien	99,58	3,97 = 95,61	98,94 = 0,64 – trocken	1910—1933 tr.
105	Kbr I, Blösien	101,51	4,96 = 96,55	98,99 = 2,52 – trocken	1910—1932 tr.
106	Kbr V, Blösien	103,80	10,94 = 92,86	96,80 = 7,00 – 8,24 = 95,56	1927—1940
107—122	16 Wbr in Blösien ohne nähere Angaben				
123	Kbr 4, Geusa	98,07	4,62 = 93,45	97,12 = 0,95 – 4,63 = 93,44	1910—1949
124	Kbr. 3, Geusa	96,17	4,30 = 91,87	95,54 = 0,63 – 2,77 = 93,40	1910—1946
125	Kbr 1, Geusa	99,07	4,85 = 94,22	96,48 = 2,59 – 4,66 = 94,41	1910—1946
126	Kbr. 2, Geusa	95,69	5,17 = 90,52	94,88 = 0,81 – 1,93 = 93,76	1910—1946
127	Kbr. IV, Atzendorf	98,84	6,85 = 91,99	94,68 = 4,16 – 4,85 = 93,99	1930—1949
128	Wbr. III, Atzendorf	95,21	1,22 = 93,99	95,16 = 0,05 – 0,65 = 94,56	1923—1944
129	Wbr. I, Atzendorf	95,00	2,03 = 92,97	94,50 = 0,50 – 1,20 = 93,80	1923—1949
130	Wbr II, Atzendorf	96,12	2,45 = 93,67	94,33 = 1,79 – 2,31 = 93,81	1923—1949
131	Wbr. 13, Kötzschen	103,60	8.74 = 94,86	96,98 = 6,62 – 7,62 = 95,98	1940—1950
132	Wbr 12, Kötzschen	102,97	8,77 = 94,20	96,12 = 6,85 – 8,15 = 94,82	1940—1950
133	Wbr 11, Kötzschen	101,64	7,18 = 94,46	95,87 = 5,77 – 6,97 = 94,67	1940—1950
134	Wbr. 10, Kötzschen	103,93	8,85 = 95,08	97,20 = 6,73 – 8,05 = 95,88	1940—1950
135	Wbr 9, Kötzschen	103,40	8,54 = 94,86	96,58 = 6,82 – 7,98 = 95,42	1940—1950
136	Wbr 5, Kötzschen	99,44	5,25 = 94,19	95,83 = 3,61 – 5,25 = 94,19	1938—1950
137	Wbr. 8, Kötzschen	97,84	4,83 = 93,01	95,26 = 2,58 – 3,38 = 94,46	1926—1950
138	Wbr. 6, Kötzschen	101,06	5,71 = 95,35	97,04 = 4,02 – 5,12 = 95,94	1926—1949
139	Kbr. 1, Kötzschen	100,77	3,78 = 96,99	100,36 = 0,41 – 1,97 = 98,80	1926—1950
140	Kbr. 2, Kötzschen	102,67	6,26 = 96,41	99,42 = 3,25 – 4,69 = 97,98	1926—1950
141	Kbr. 3, Kötzschen	101,56	6,20 = 95,36	98,90 = 2,66 – 4,28 = 97,28	1926—1950
142	Kbr. 4, Kötzschen	98,50	4,14 = 94,36	98,15 = 0,35 – 1,19 = 97,31	1926—1947
143	Wbr 32, Posendorf Krs. Weißenfels, Gastwirtsch. Bäumchen	125,99	18,15 = 107,84	112,99 = 13,00 – 17,00 = 108,99	1936—1946
144	Kbr I, Nahlendorf	125,85	5,10 = 120,75	Überlauf – 2,27 = 123,58	1914—1937
145	Kbr II, Nahlendorf	124,97	5,00 = 119,97	124,90 = 0,07 – 3,87 = 121,10	1914—1937
146	Kbr I, Bedra	112,63	10,06 = 102,57	105,93 = 6,70 – trocken	1913—1946
147	Bl. 1, Dorfplatz Bedra (Wasserwerk Schortau)	113,90	3,04 = 110,86	113,65 = 0,25 – 1,71 = 112,19	1918—1944
148	Wbr IV, Bedra	111,53	4,38 = 107,15	110,63 = 0,90 – 1,70 = 109,83	1931—1949
149	Wbr VI, Bedra	114,28	3,58 = 110,70	113,58 = 0,70 – 2,50 = 111,78	1914—1947
150	Kbr V, Bedra	122,00	10,45 = 111,55	116,25 = 5,75 – 10.05 = 111,95	1914—1948
151	Kbr III, Bedra	123,47	9,35 = 114,12	116,25 = 7,22 – 10,16 = 113,31	1914—1949
152	Bl. 2, Zwischen Schortau u. Bedra (Wasserwerk Schortau)	115,50	2,45 = 113,05	114,79 = 0,71 – 2,25 = 113,25	1918—1944
153	Kbr. 13, Verband Almsdorf, zwischen Bedra und Schortau	115,55	2,90 = 112,65	115,43 = 0,12 – 1,74 = 113,81	1914—1949
154	Kbr 15, Verband Almsdorf, Schortau	119,64	5,51 = 114,13	118,61 = 1,03 – 5,20 = 114,44	1931—1945
155	Bl. 4, Schule Schortau (Wasserwerk Schortau)	119,10	4,80 = 114,30	116,90 = 2,20 – 4,44 = 114,66	1918—1944
156	Wbr 28, Verband Almsdorf, Schortau	117,90	4,47 = 113,43	Überlauf – 4,30 = 113,60	1931—1942
157	Bl. 3, Backhaus Schortau (Wasserwerk Schortau)	116,94	3,80 = 113,14	116,84 = 0,10 – 1,86 = 115,08	1918—1944
158	Wbr. 29, Verband Almsdorf, Schortau	118,49	3,29 = 115,20	118,37 = 0,12 – 3,14 = 115,35	1931—1950

noch Anlage 63

Lfd. Nr	alte Bezeichnung	Gok	Brunnentiefe u. Gok = NN	Wasserspiegel (max) NN = u. Gok – u. Gok = NN (min)	Zeitraum
159	Kbr 14, Verband Almsdorf Schortau	118,98	4,16 = 114,82	Überlauf – 3,45 = 115,53	1931—1948
160	Bl. 5, Transformator Schortau (Wasserwerk Schortau)	118,40	4,50 = 113,90	117,98 = 0,42 – 2,94 = 115,46	1918—1944
161	Bl. 2/34, westl. Trafo Schortau (Wasserwerk Schortau)	120,20	20,85 = 99,35	115,86 = 4,34 – 7,22 = 112,98	1934—1950
162	Bl. 1/34, südlich Trafo Schortau (Wasserwerk Schortau)	120,20	23,60 = 96,60	116,98 = 3,22 – 5,95 = 114,25	1934—1950
163	Kbr 12, Verband Almsdorf, Leiha	116,86	3,90 = 112,96	Überlauf – 2,50 = 114,36	1931—1950
164	Bl. 6, Weg Schortau—Leiha (Wasserwerk Schortau)	116,40	2,00 = 114,40	115,80 = 0,60 – 1,53 = 114,87	1914—1937
165	Kbr 11, Verband Almsdorf, Leiha	116,98	3,42 = 113,56	Überlauf – 2,40 = 114,58	1931—1950
166	Bl. 6/34, nördlich Leiha (Wasserwerk Schortau)	117,32	20,60 = 96,72	117,11 = 0,21 – 1,90 = 115,42	1934—1950
167	Bl. 8, Feldweg b. Leiha (Wasserwerk Schortau)	117,80	3,00 = 114,80	117,27 = 0,53 – 2,49 = 115,31	1918—1944
168	Kbr 9, Verband Almsdorf, Leiha	118,28	3,25 = 115,03	117,93 = 0,35 – 2,75 = 115,53	1931—1944
169	Kbr IXb, Bedra	118,36	3,82 = 114,54	117,10 = 1,26 – 3,80 = 114,56	1925—1946
170	Kbr 7, Verband Almsdorf, Leiha	120,62	6,54 = 114,08	120,42 = 0,20 – 4,15 = 116,47	1931—1950
171	Wbr 23, Verband Almsdorf, Leiha	119,68	4,05 = 115,63	119,33 = 0,35 – 3,93 = 115,75	1931—1948
172	Kbr 8, Verband Almsdorf, Leiha	119,29	4,61 = 114,68	119,13 = 0,16 – 3,86 = 115,43	1931—1950
173	Kbr 6, Verband Almsdorf, Almsdorf	119,55	3,69 = 115,86	119,40 = 0,15 – 3,60 = 115,95	1931—1950
174	Bl. 4/34, nördlich Almsdorf (Wasserwerk Schortau)	120,18	22,20 = 97,98	118,74 = 1,44 – 5,32 = 114,86	1934—1950
175	Wbr 22, Verband Almsdorf, Almsdorf	120,80	3,95 = 116,85	120,50 = 0,30 – 4,50 = 116,30	1931—1949
176	Kbr 5, Verband Almsdorf, Almsdorf	121,20	5,13 = 116,07	120,60 = 0,60 – 4,80 = 116,40	1931—1948
177	Kbr 4, Verband Almsdorf, Gröst	121,78	6,44 = 115,34	120,70 = 1,08 – 5,55 = 116,23	1919—1948
178	Wbr 19, Verband Almsdorf, Gröst	122,79	4,59 = 118,20	120,24 = 2,55 – 5,46 = 117,33	1919—1950
179	Wbr 18, Verband Almsdorf, Gröst	123,16	4,02 = 119,14	120,62 = 2,54 – 4,00 = 119,16	1919—1933 tr
180	Wbr 17, Verband Almsdorf, Gröst	124,62	6,55 = 118,07	123,12 = 1,50 – 6,64 = 117,98	1919—1950
181	Kbr 2, Verband Almsdorf, Gröst	124,32	7,01 = 117,31	123,24 = 1,08 – 6,49 = 117,83	1931—1946
182	Kbr 3, Verband Almsdorf, Gröst	123,54	5,32 = 118,22	122,87 = 0,67 – 5,24 = 118,30	1931—1948
183	Wbr 20, Verband Almsdorf, Gröst	125,93	7,55 = 118,38	120,66 = 5,27 – 7,19 = 118,74	1919—1934 tr
184	Wbr 16, Verband Almsdorf, Gröst	123,75	5,10 = 118,65	121,25 = 2,50 – 5,43 = 118,32	1919—1936 tr
185	Kbr 1, Verband Almsdorf, Gröst	126,26	11,62 = 114,64	123,88 = 2,38 – 7,00 = 119,26	1931—1948
186	Wbr 10, Verband St. Ulrich Meßbez. III, Branderoda	146,70	25,12 = 121,58	130,89 = 15,81 – 22,73 = 123,97	1936—1945
187	Wbr 11, Verband St. Ulrich Meßbez. III, Branderoda	150,98	32,27 = 118,71	131,48 = 19,50 – 30,60 = 120,38	1936—1945
188	Wbr 6, Verband St. Ulrich Meßbez. V, Baumersroda	203,35	34,89 = 168,46	177,33 = 26,02 – trocken	1936—1945 tr
189	Wbr 5, Verband St. Ulrich Meßbez. V, Baumersroda	204,03	50,20 = 153,83	175,63 = 28,40 – 35,80 = 168,23	1936—1945 verschlammt tr
190	Wbr 7, Verband St. Ulrich, Meßbez. V, Baumersroda	191,25	42,44 = 148,81	169,10 = 22,15 – 40,90 = 150,35	1936—1945
191	Wbr 8, Verband St. Ulrich Meßbez. V, Baumersroda	190,30	39,30 = 151,00	167,00 = 23,30 – 39,00 = 151,30	1936—1945

192	Bl. C, Grube Else II	133,96	?	120,94 = 13,02 - 14,44 = 119,52	1933—1950
193	Bl. 8/37, Grube Else II	138,33	62,65 = 75,68	130,28 = 8,05 - 12,94 = 125,39	1937—1950
				Mittel 113,70 = 24,63 - 28,25 = 110,08	
194	Bl 889/37, Grube Elisabeth	124,99	23,30 = 101,69	122,23 = 2,76 - 5,24 = 119,75	1937—1950
195	Bl. 888/37, Grube Elisabeth	122,27	32,50 = 89,77	115,70 = 6,57 - 9,79 = 112,48	1937—1950
196	Bl. 843/35, Grube Elisabeth	121,10	14,00 = 107,10	117,98 = 3,12 - 5,30 = 115,80	1935—1950
197	Bl. 840/35, Grube Elisabeth	117,60	26,50 = 91,10	104,30 = 13,30 - 24,35 = 93,25	1935—1950
198	Bl 841/35, Grube Elisabeth	118,00	25,20 = 92,80	110,37 = 7,63 - 21,20 = 96,80	1935—1950
199	Bl 842/35, Grube Elisabeth	117,70	23,30 = 94,40	107,81 = 9,89 - 20,15 = 97,55	1935—1950
200	Bl. 21, Grube Elisabeth	118,00	?	101,94 = 16,06 - 27,60 = 90,40	1935—1950
201	Bl 1102/49, Tagebau Mücheln I	123,80	45,00 = 78,80	103,37 = 20,43 - 20,44 = 103,36	1950
202	Bl 837/34, Grube Elisabeth	124,20	45,90 = 78,30	105,62 = 18,58 - 26,25 = 97,95	1935—1947
203	Bl. 838/34, Grube Elisabeth	122,50	46,40 = 76,10	106,43 = 16,07 - 31,50 = 91,00	1935—1950
204	Bl. 839/34, Grube Elisabeth	122,30	61,30 = 61,00	93,86 = 28,44 - 37,30 = 85,00	1935—1947
205	Bl. 974/49, Tagebau Mücheln I	123,40	65,00 = 58,40	78,32 = 45,08 - 46,59 = 76,81	1949—1950
206	Bl. 976/49, Tagebau Mücheln I	119,80	42,00 = 77,80	92,52 = 27,28 - 28,33 = 91,47	1949—1950
207	Bl. 975/49, Tagebau Mücheln I	121,60	54,20 = 67,40	85,38 = 36,22 - 37,06 = 84,54	1949—1950
208	Bl 973a/49, Tagebau Mücheln I	120,57	70,00 = 50,57	65,20 = 55,37 - 56,27 = 64,30	1949—1950
209	Bl 977/49, Tagebau Mücheln I	121,00	73,00 = 48,00	83,97 = 37,03 - 38,34 = 82,66	1949—1950
210	Bl. 979/49, Tagebau Mücheln I	120,90	73,00 = 47,90	88,39 = 32,51 - 32,53 = 88,37	1950
211	Bl. 978/49, Tagebau Mücheln I	119,90	73,00 = 46,90	83,48 = 36,42 - 37,23 = 82,67	1949—1950
212	Bl. 26/40, Grube Leonhardt	106,00	60,20 = 45,80	101,29 = 4,71 - 21,48 = 84,52	1941—1950
213	Bl. 30/33, Grube Leonhardt	106,14	62,80 = 43,34	91,97 = 14,70 - 29,62 = 76,52	1934—1950
214	Bl. 23/41, Grube Leonhardt	106,38	76,10 = 30,28	94,56 = 11,82 - 17,55 = 88,83	1932—1950
215	Bl 14/36, Grube Leonhardt	108,63	73,65 = 34,98	85,91 = 22,72 - 51,55 = 57,08	1936—1949 tr
216	Bl. 10/36, Grube Leonhardt	99,90	59,10 = 40,80	78,15 = 21,75 - 22,91 = 76,99	1936—1940
217	Bl. 1/43, Grube Leonhardt	116,71	78,00 = 38,71	84,77 = 31,94 - 37,18 = 79,53	1943—1950
218	Bl. 4/36, Grube Leonhardt	98,10	71,50 = 26,60	74,97 = 23,13 - 29,40 = 68,70	1936—1942
219	Bl 8/42, Grube Leonhardt	115,70	62,50 = 53,20	79,47 = 36,23 - 37,74 = 77,96	1943—1945
220	Bl. 18/39, Grube Leonhardt	124,09	32,70 = 91,39	116,31 = 7,78 - 13,21 = 110,88	1940—1950
221	Bl 2/45, Grube Leonhardt	129,40	127,40 = 2,00	109,62 = 19,78 - 21,46 = 107,94	1945—1950
222	Bl 1/44, Grube Leonhardt	147,40	164,20 = 16,80	107,43 = 39,97 - 43,23 = 104,17	1944—1950
223	Bl 2/32, Grube Otto	100,96	54,62 = 46,34	89,91 = 11,05 - 26,77 = 74,19	1936—1949
224	Bl 12/41, Grube Otto	103,75	75,30 = 28,45	86,93 = 16,82 - 33,30 = 70,45	1940—1950
225	Bl. 3/35, Grube Tannenberg	102,27	56,37 = 45,90	74,69 = 27,58 - 39,17 = 63,10	1935—1949 tr
226	Bl 6/33, Grube Michel Vesta	107,06	28,83 = 78,23	91,11 = 15,95 - trocken	1933—1949
227	Bl 5/33, Grube Michel-Vesta	111,44	51,96 = 59,48	95,61 = 15,83 - 17,34 = 94,10	1933—1950
228	Bl. 26/43, Grube Michel Vesta	107,76	79,00 = 28,76	68,93 = 38,83 - 44,20 = 63,56	1943—1950
229	Bl. 22/43, Grube Michel-Vesta	106,02	39,30 = 66,72	97,00 = 9,02 - 11,08 = 94,94	1943—1950
230	Bl 35/42, Grube Michel Vesta	98,50	32,60 = 65,90	77,83 = 20,67 - 26,86 = 71,64	1943—1950

Schichtenfolgen der Buntsan

Auf Normal-Null bezogen. Angeord

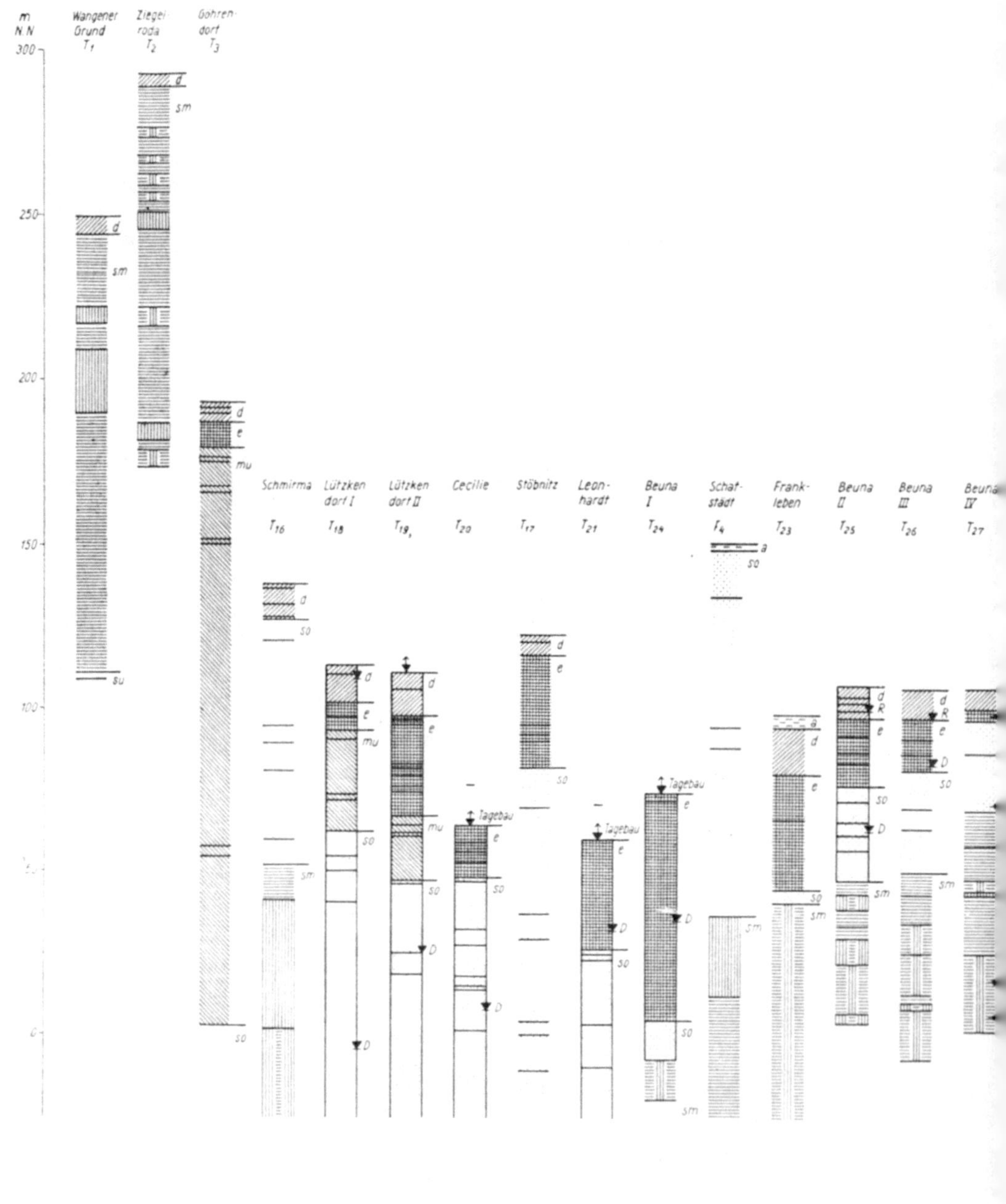

gen und -Brunnen

Braunkohlenwanne

Höhenmaßstab 1 : 2000

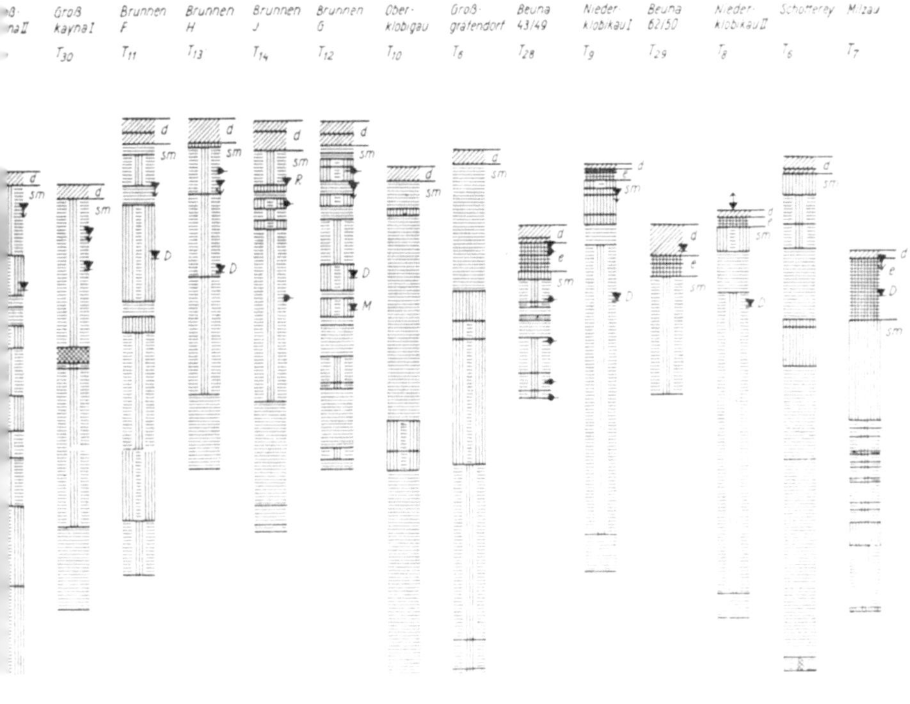

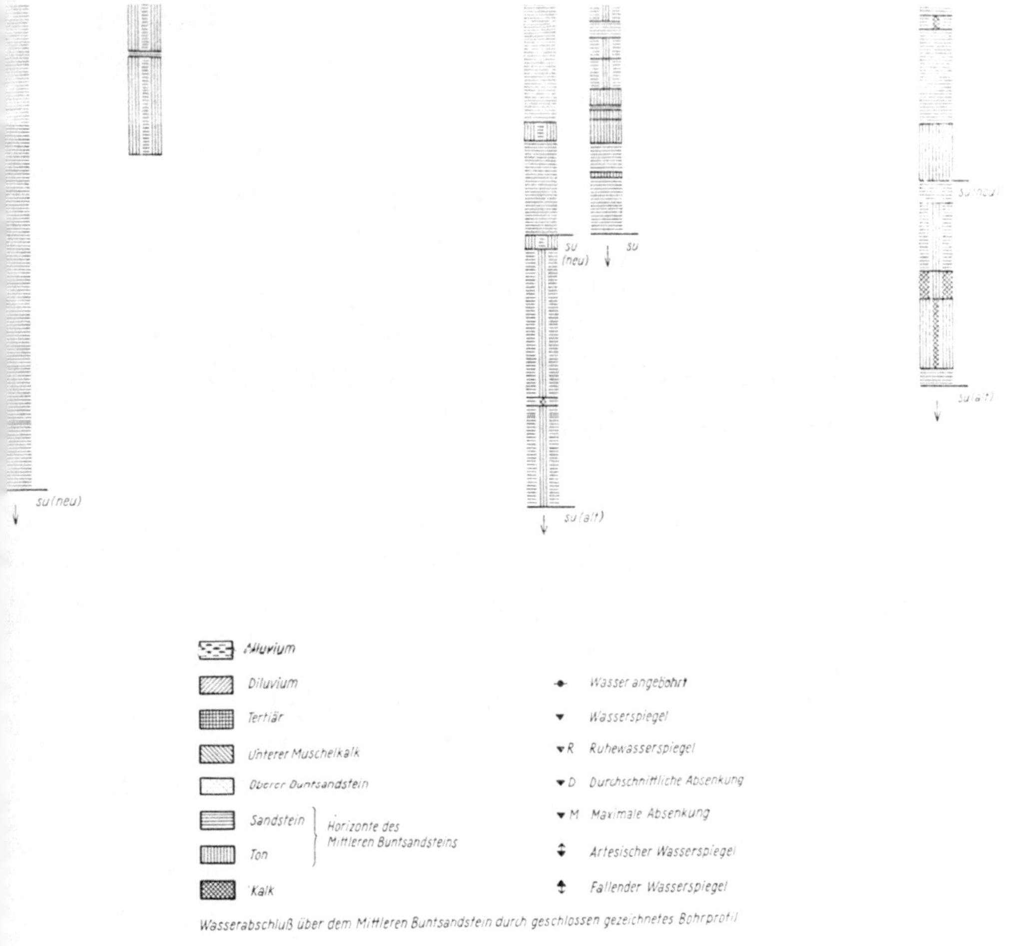

su (neu)
su (neu)
su
su (alt)
su (neu)
su (alt)
Alluvium
Diluvium
Tertiär
Unterer Muschelkalk
Oberer Buntsandstein
Sandstein
Ton
Horizonte des Mittleren Buntsandsteins
Kalk
Wasser angebohrt
Wasserspiegel
R Ruhewasserspiegel
D Durchschnittliche Absenkung
M Maximale Absenkung
Artesischer Wasserspiegel
Fallender Wasserspiegel
Wasserabschluß über dem Mittleren Buntsandstein durch geschlossen gezeichnetes Bohrprofil

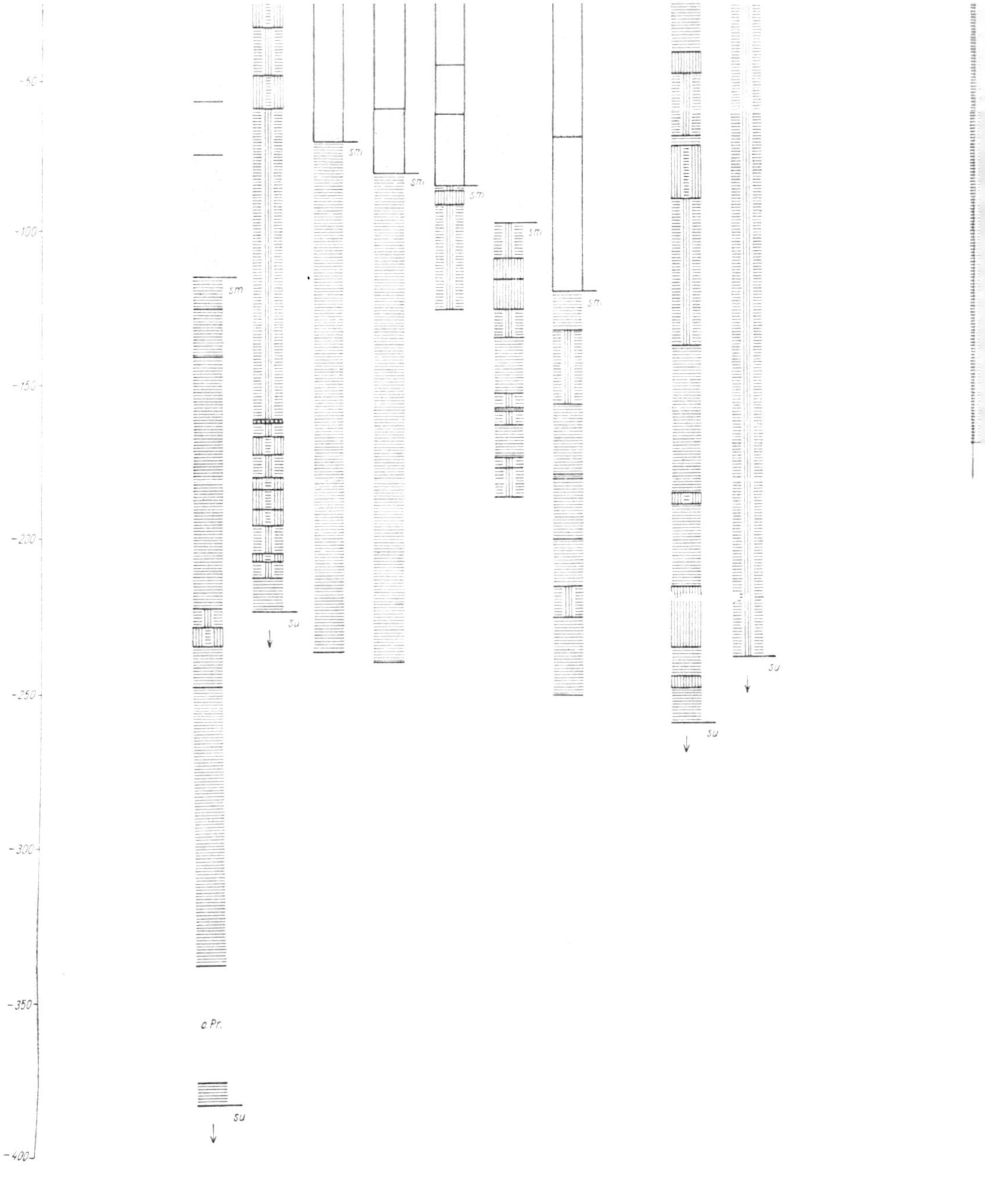

-50
-100
-150
-200
-250
-300
-350
-400
sm
su
a Pr.

Schichtenfolgen der Buntsandsteinbohrungen auf die Grenze des Mittleren z

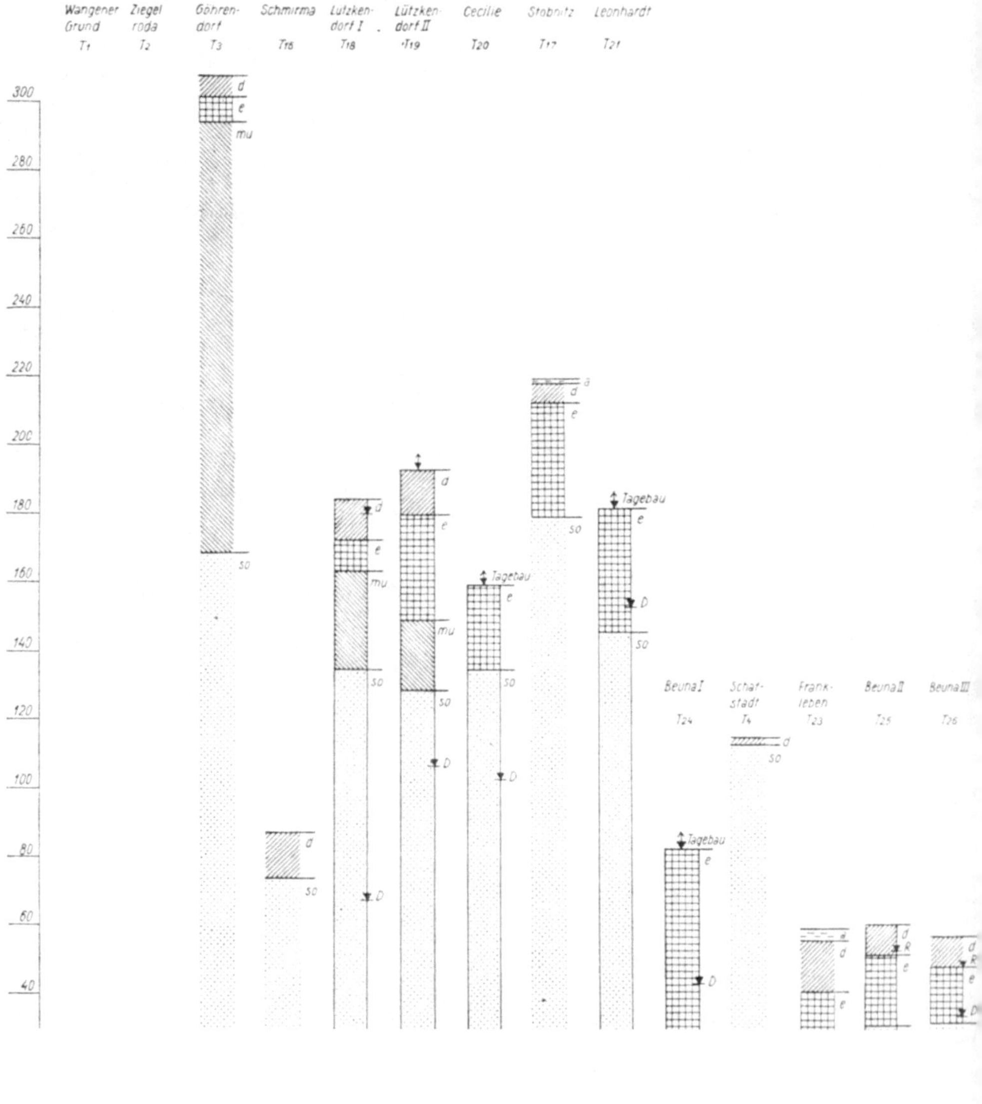

…untsandstein bezogen. Angeordnet nach Lage zur Braunkohlenwanne

Höhenmaßstab 1 : 2000

Alluvium — Diluvium — Tertiär — Unterer Muschelkalk — Oberer Buntsandstein — Sand, Ton } Horizonte des Mittleren Buntsandsteins

Maßstab 1:1500

Wasser angebohrt

Wasserspiegel

R Ruhewasserspiegel

D Durchschnittliche Absenkung

M Maximale Absenkung

Artesischer Wasserspiegel

Fallender Wasserspiegel

Wasserabschluß über dem Mittleren Buntsandstein durch geschlossen-gezeichnetes Bohrprofil

Groß-kayna II	Groß-kayna I	Brunnen F	Brunnen H	Brunnen J	Brunnen G	Ober-klobikau	Groß-gräfendorf	Beuna 43/49	Nieder-klobikau I	Beuna 62/50	Nieder klobikau II	Schotterey	Milzau
T31	T30	T11	T13	T14	T12	T10	T5	T28	T9	T29	T8	T6	T7

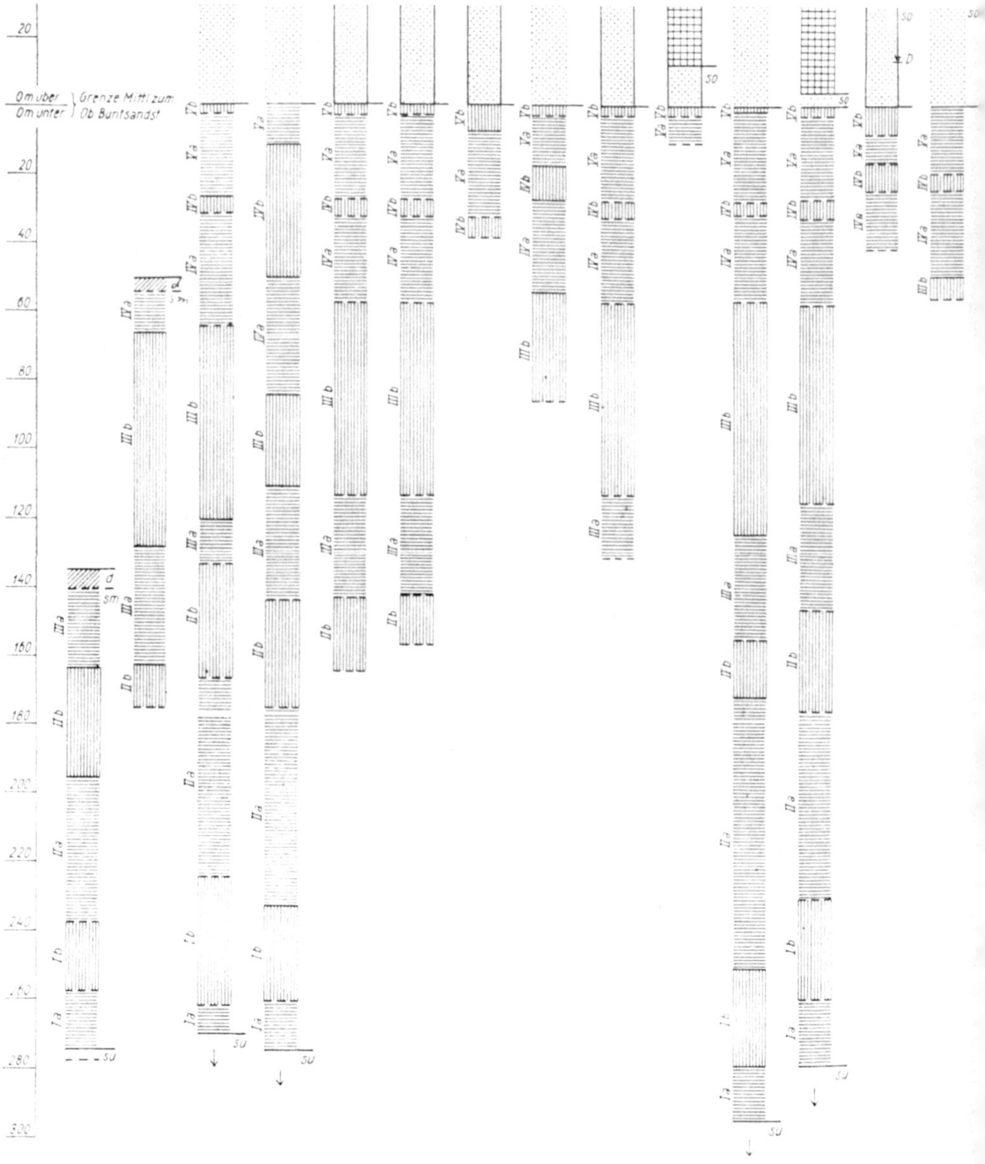

0m über
0m unter
Grenze Mittl. zum Ob. Buntsandst.

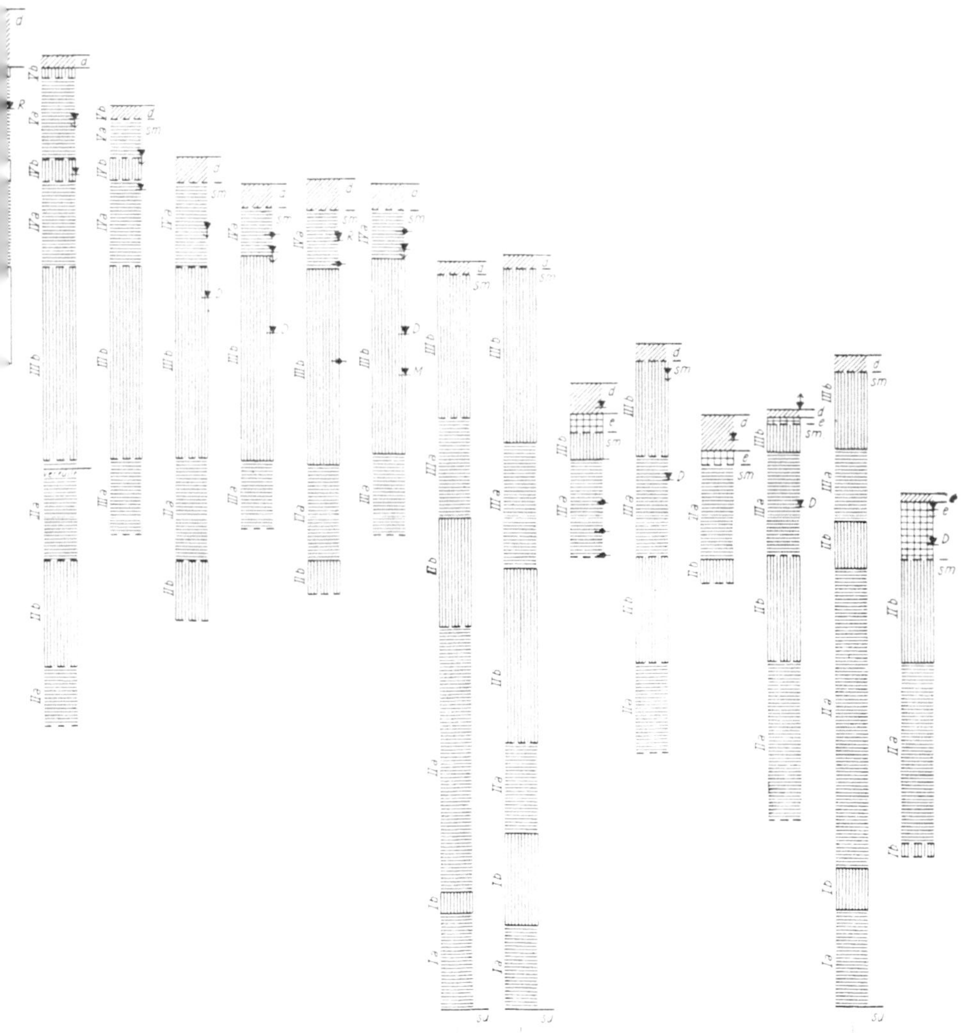

Grundwasserhöhenkurvenplan

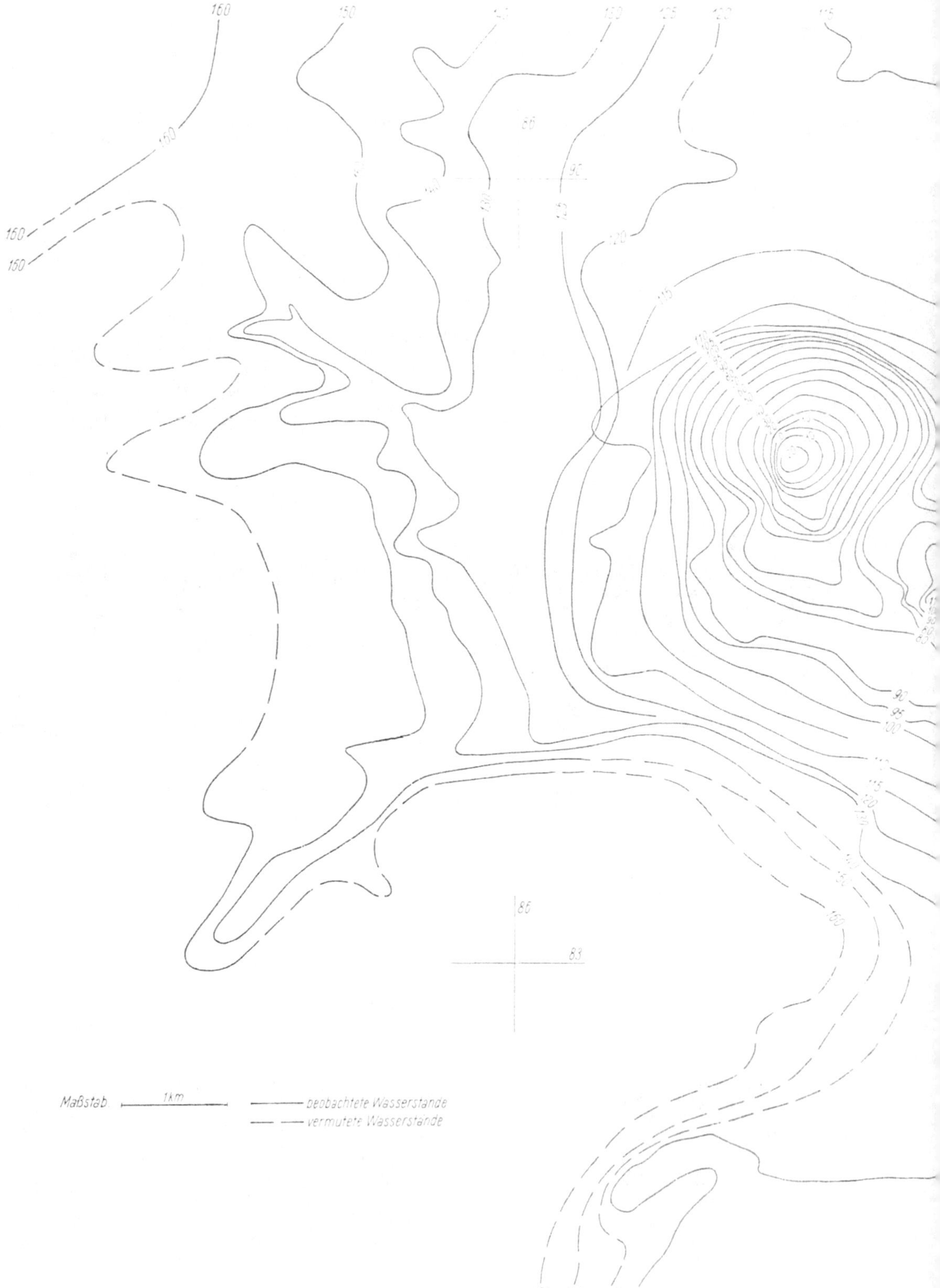

es auf Normal-Null bezogen

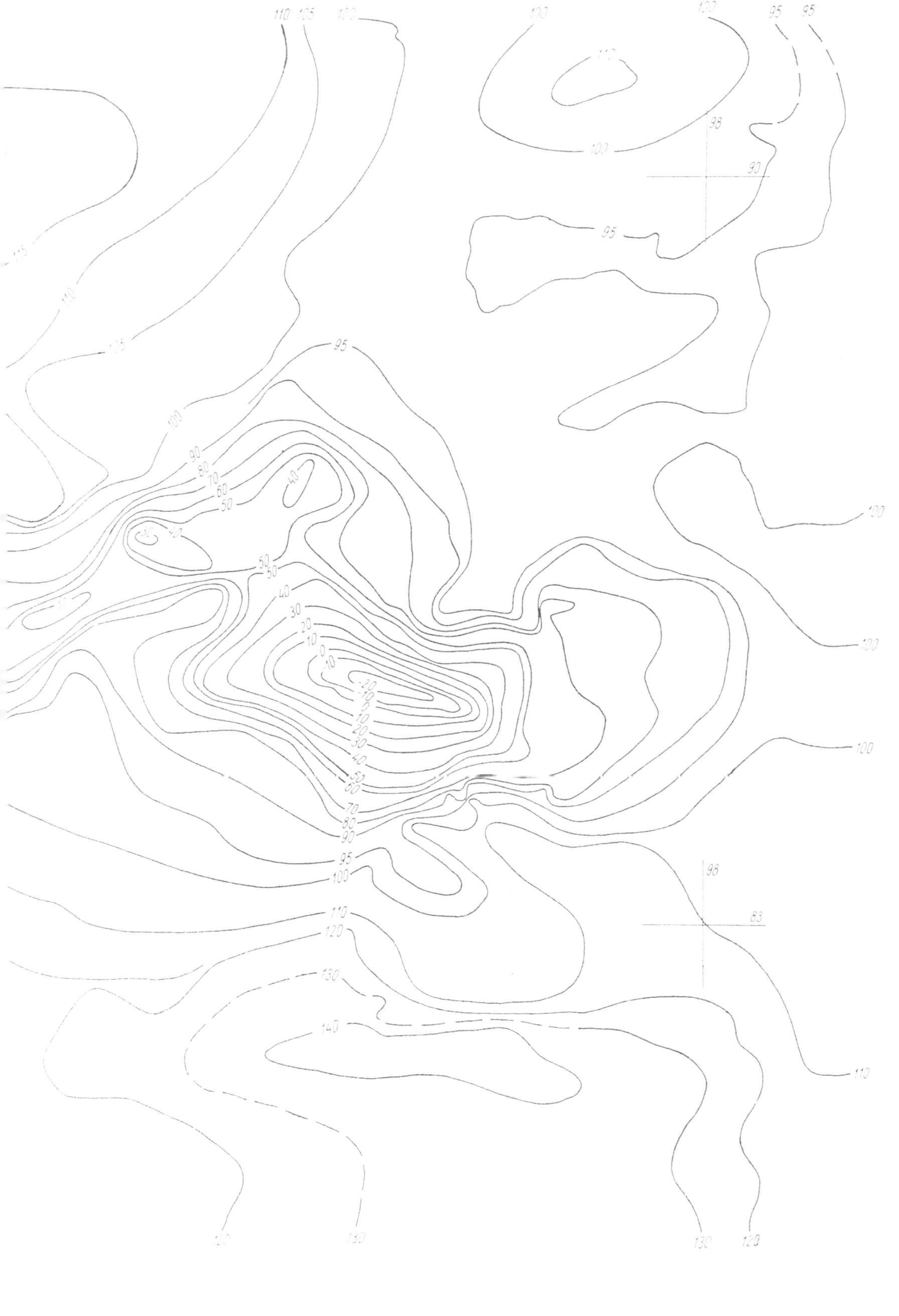

Flurabstandsk

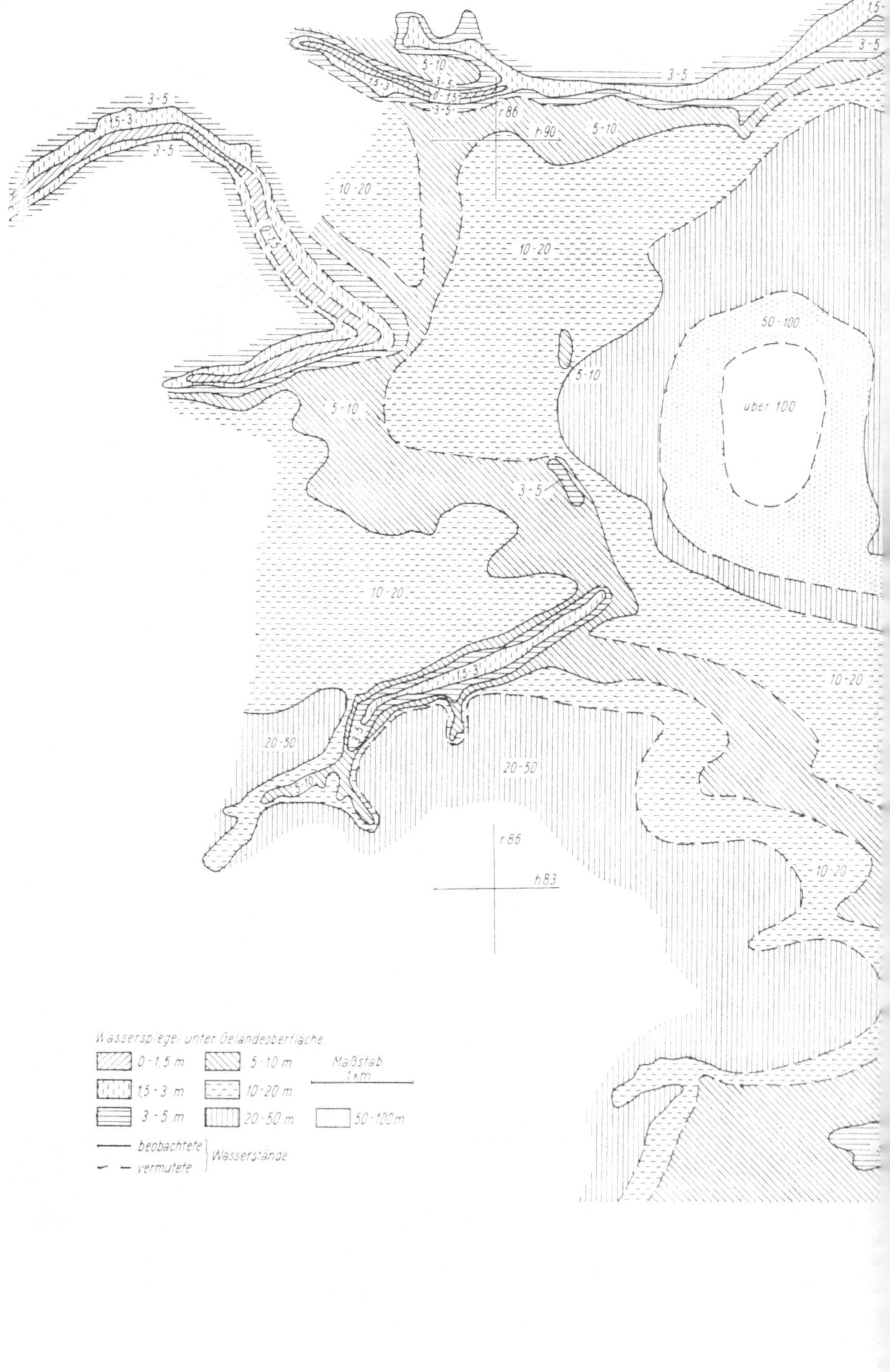

Geiseltales

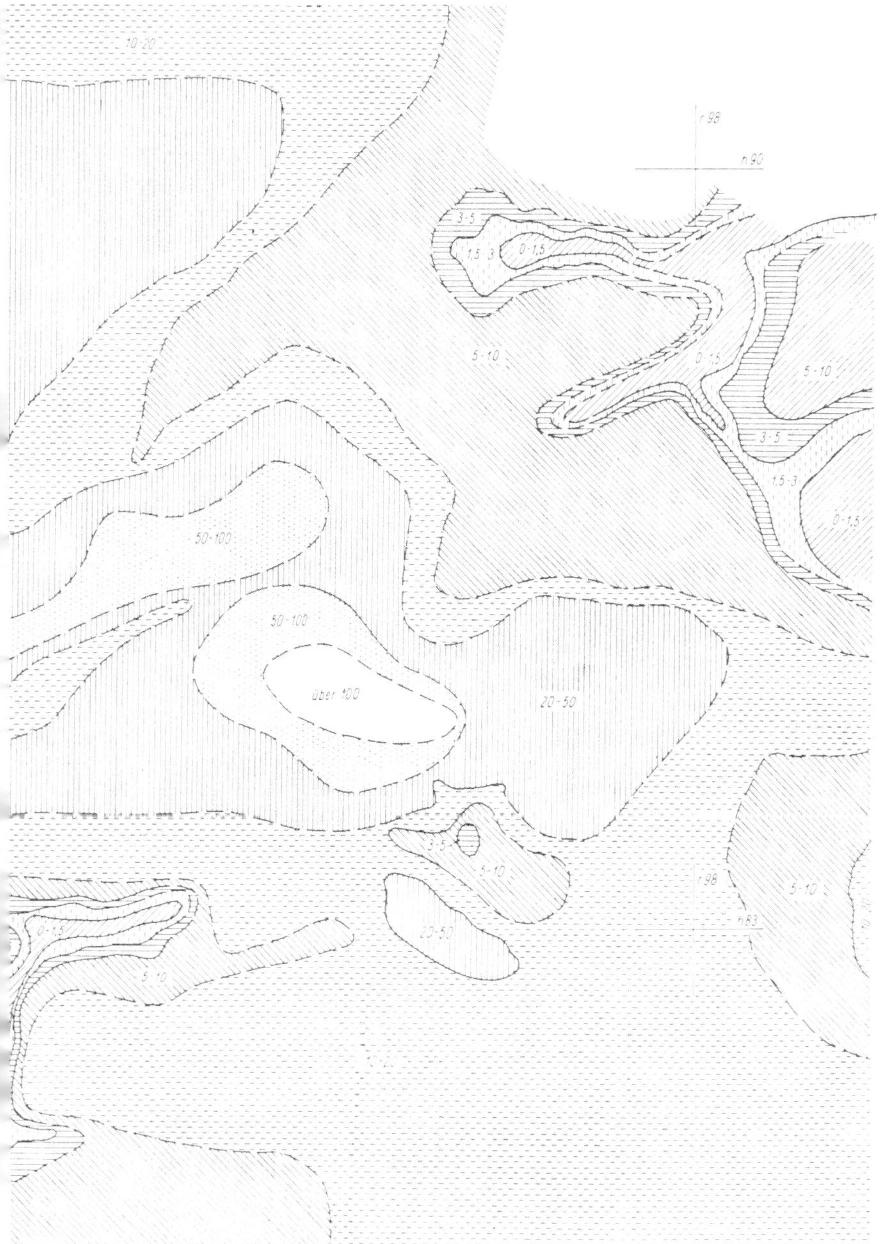

FSC
www.fsc.org
MIX
Papier | Fördert gute Waldnutzung
FSC® C083411

Zeitfracht Medien GmbH
Ferdinand-Jühlke-Straße 7
99095 Erfurt, Deutschland
produktsicherheit@kolibri360.de